高职高专规划教材

中文 Flash CS3 动画制作教程

王璞 编

西北工业大学出版社

【内容简介】本书为高职高专计算机规划教材。书中详细介绍了中文 Flash CS3 入门知识，Flash CS3 基本操作，图形的绘制，图形的编辑与图层的应用，使用文本，元件、实例和库，创建动画，控制视频和音频，输出和发布动画等内容。不仅配有大量生动典型的实例，而且还配有实训练习，即对每章所讲内容进行上机操作练习，这将使读者在学习时更加得心应手，做到学以致用。

本书不仅适合作为高职高专院校教材，同时可供相关爱好者自学参考。

图书在版编目（CIP）数据

中文 Flash CS3 动画制作教程/王璞编. —西安：西北工业大学出版社，2008.10
（高职高专规划教材）
ISBN 978-7-5612-2475-5

Ⅰ．中…　Ⅱ．王…　　Ⅲ．动画—设计—图形软件，Flash CS3—高等学校：技术学校—教材
Ⅳ．TP391.41

中国版本图书馆 CIP 数据核字（2008）第 151319 号

出版发行：西北工业大学出版社
通信地址：西安市友谊西路 127 号　　　　邮编：710072
电　　话：（029）88493844　88491757
网　　址：www.nwpup.com
电子邮箱：computer@nwpup.com
印 刷 者：陕西天元印务有限公司
开　　本：787 mm×1 092 mm　　1/16
印　　张：15
字　　数：399 千字
版　　次：2008 年 10 月第 1 版　　　2008 年 10 月第 1 次印刷
定　　价：25.00 元

序

只有培养出大量高素质的劳动者，才能把我国的人数优势转化为人力优势，提高全民族的竞争力。因此，我国近年来十分重视高等职业教育，把高等职业教育作为高等教育的重要组成部分，并以法律的形式加以约束与保证。高等职业教育从此进入了蓬勃发展时期，驶入了高速发展的快车道。

高等职业教育有其自身的特点。正如教育部"面向 21 世纪教育振兴行动计划"所指出的那样："高等职业教育必须面向地区经济建设和社会发展，适应就业市场的实际需要，培养生产、管理、服务第一线需要的实用人才，真正办出特色。"因此，不能以本科压缩和变形的形式组织高等职业教育，必须按照高等职业教育的自身规律组织教学体系。为此，我们根据高等职业教育的特点及社会对教材的普遍需求，组织高等职业院校有丰富教学经验的教师，编写了这套"高职高专规划教材"。

本套教材充分考虑了高等职业教育的培养目标、教学现状和发展方向，在编写中突出了实用性。本套教材重点讲述目前在信息技术行业实践中不可缺少的知识，并结合具体实践加以介绍。大量具体操作步骤、众多实践应用技巧与接近实际的实训材料保证了本套教材的实用性。

在本套教材编写大纲的制定过程中，我们广泛收集了各高等职业院校的教学计划，对多个省、市高等职业教育的实际情况进行了调研，经过反复讨论和修改，使编写大纲能最大限度地符合我国高等职业教育的要求，切合高等职业教育的实际情况。

在选择作者时，我们特意挑选了工作在高等职业教育一线的优秀骨干教师。他们熟悉高等职业教育的教学实际，并有多年的教学经验，其中许多是"双师型"教师，既是教授、副教授，同时又是高级工程师、认证高级设计师。他们既有坚实的理论知识、很强的实践能力，又有较多的写作经验及较好的文字水平。

目前我国许多行业开始实行劳动准入制度和职业资格制度，为此，本套教材也兼顾了一些证书考试（如计算机等级考试等），并提供了一些针对性较强的训练题目。

本套教材是高等职业院校、高等技术院校、高等专科院校的计算机教材，适用于信息技术的相关专业，如计算机应用、计算机网络、信息管理、电子商务、计算机科学技术、会计电算化等，也可供优秀职高学校选作教材。对于那些要提高自己应用技能或参加一些证书考试的读者，本套教材也不失为一套较好的参考书。

由于编者水平有限，不足之处在所难免，恳请广大读者将本套教材的使用情况及各种意见、建议及时反馈给我们，以便我们在今后的工作中不断地改进和完善。

高职高专规划教材编审委员会

前　言

Flash CS3 是 Adobe 公司收购 Macromedia 公司后将享誉盛名的 Macromedia Flash 更名为 Adobe Flash 后的一款动画制作软件。它采用了流技术和矢量技术制作动画，因此，所生成的动画文件具有体积小、便于传输和下载、支持交互等特点。目前，Flash 已成为最常用的网页动画制作软件。

本书主要讲述了中文 Flash CS3 入门知识，Flash CS3 基本操作，图形的绘制，图形的编辑与图层的应用，使用文本，元件、实例和库，创建动画，控制视频和音频，输出和发布动画等。在主要知识点后附有应用实例，通过添加"提示、注意、技巧"等模块以加强读者对知识点的进一步理解。同时在一～九章配有丰富的习题，以便读者及时巩固所学的知识。

本书思路新颖，图文并茂，练习丰富，可作为各高职高专院校 Flash CS3 课程的首选教材，也可作为高等院校、成人院校、民办高校及社会各培训班 Flash CS3 课程教材，同时可供平面设计人员及电脑爱好者参考。

　本书共分为 11 章，主要内容为：

◆ Flash CS3 入门知识

◆ Flash CS3 基本操作

◆ 图形的绘制

◆ 图形的编辑与图层的应用

◆ 使用文本

◆ 元件、实例和库

◆ 创建动画

◆ 控制视频和音频

◆ 输出和发布动画

◆ 综合实例

◆ 实训

由于编者水平有限，不足和疏漏之处在所难免，希望广大读者批评指正。

编　者

目　　录

第一章　Flash CS3 入门知识

Adobe Flash CS3 是 Adobe 公司收购 Macromedia 公司后将享誉盛名的 Macromedia Flash 更名为 Adobe Flash 后的一款动画制作软件。Flash 软件可以实现多种动画特效。

Flash CS3 是一款设计和制作动画的专业软件，它采用了网络流式媒体技术，突破了网络宽带的限制，能在网络上快速地播放动画，并实现动画交互，使网站设计人员能够充分发挥个人的创造性和想象力，随心所欲地设计各种动态的网站、宣传动画、精美网页、课件，还可以制作出动感十足的 MTV 音乐动画、动画短剧等。

本章主要内容：

◆ Flash CS3 的特点及应用
◆ Flash CS3 的新增功能
◆ Flash CS3 的安装与卸载
◆ Flash CS3 的工作界面
◆ Flash CS3 首选参数设置

第一节　Flash CS3 的特点及应用

Flash 自推出以来，以其制作的动画图像质量高、体积小和适合网络传输等特点受到广大网页设计师及动画爱好者的青睐，它一经推出，就迅速取代了其他网页动画软件，成为应用最广泛的网页动画设计软件。目前最新版本为 Flash CS3，利用它不仅可以制作简单的动画，而且可以利用其独特的动作脚本，开发复杂的应用程序。在学习如何使用 Flash CS3 制作动画前，我们先来了解一下 Flash 的特点和应用。

一、Flash CS3 的特点

（1）支持矢量图形。在 Flash CS3 中，使用绘图工具绘制的图形都是矢量图形，所以即使播放器界面大小改变，也不会影响动画的质量，同时此种文件占用的存储空间小，因此非常有利于网络传播。

（2）支持多种文件格式。该软件支持多种文件格式，即使是使用其他图形图像处理软件制作的图形和图像，也都可以导入到该软件中，进行编辑操作。可以导入到 Flash CS3 中的文件格式如图 1.1.1 所示。

（3）支持流技术。该软件支持"流技术"下载，它代替了 GIF 和 AVI 等下载完成后再播放的传统下载方式，可以使用户一边下载一边播放，大大减少了用户的等待时间。

（4）支持导入音频。该软件支持音频文件的导入，用户可以

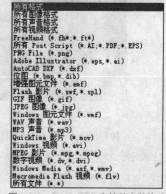

图 1.1.1　Flash CS3 支持的文件格式

在制作动画的过程中，导入其他音频文件（例如.mp3），为制作的动画添加声音效果，以使动画更加生动。

（5）支持导入视频。用户可以将外部的视频文件（例如.AVI）导入到 Flash CS3 中，来丰富动画的界面。

（6）交互性强。Flash CS3 具有超强的交互功能，制作人员可以使用该软件内置的动作脚本给已制作好的动画文件或视频文件添加其他动画效果，以使该视频文件的内容更丰富多彩。

（7）支持跨平台动画播放。无论用户使用何种播放器或操作系统，都可以通过安装具有 Flash Player 插件的网页浏览器观看 Flash 作品。

二、Flash CS3 的应用

由于新版的 Windows 操作系统预装了 Flash CS3 插件，使得 Flash 得到了迅速发展，它主要应用于以下几个方面：

（1）网站广告动画。目前，Flash 已成为网站广告动画的主要形式，如新浪、搜狐等大型门户网站都很大程度地使用了 Flash 动画，如图 1.1.2 所示为易世纪网站广告动画。

图 1.1.2　易世纪网站的广告动画

（2）宣传动画广告。在产品被开发出来后，为了让人们了解它的功能，开发商常常用 Flash 制作一个演示片，以便能全面地展示产品的特点，如图 1.1.3 所示为一个手机演示动画。

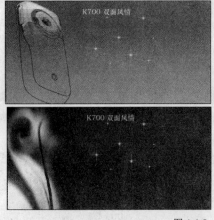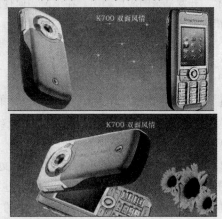

图 1.1.3　手机演示动画

（3）教学课件。对于教师们来说，Flash 是很好的教学帮手，由它开发的教学课件操作简单、文件体积小、交互性强，非常有利于教学的互动，如图 1.1.4 所示。

（4）故事片。提到故事片，相信大家可以举出一大堆经典的 Flash 故事片，如三国系列、春水系列、流氓兔系列等，制作故事片，需要有好的手绘功底，如图 1.1.5 所示。

（5）音乐 MTV。由于 Flash 支持 MP3 音频，而且能够边下载边播放，大大节省了下载的时间和所占用的带宽，因此被广泛应用于音乐 MTV 的制作，如图 1.1.6 所示。

图 1.1.4　教学课件

图 1.1.5　流氓兔系列故事片

图 1.1.6　MTV 制作

（6）网站导航。由于 Flash 能够响应鼠标单击、双击等事件，因此被用于制作具有独特风格的网站导航条，如图 1.1.7 所示。

图 1.1.7　网站导航

（7）网站片头。为了使浏览者对自己的网站过目不忘，现在几乎所有的个人网站或设计类网站都有网站片头动画，如图 1.1.8 所示为小孩与白鹤的片头动画。

图 1.1.8　小孩与白鹤的片头动画

（8）游戏。游戏可以为我们的生活增添乐趣，通过在 Flash 中进行 ActionScript 编程，可以制作出小而有趣的游戏，如图 1.1.9 所示。

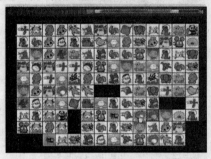

图 1.1.9　连连看小游戏

第二节　Flash CS3 的新增功能

Adobe Flash CS3 在 Flash 8 的基础上新增了许多非常实用的功能，比如，它的工作界面、丰富的绘图功能以及在其他方面的功能等，使 FlashCS3 在动画制作上更加得心应手。下面就对它的新增功能进行逐一讲解。

1. Adobe 界面

享受新的简化界面，该界面强调与其他 Adobe Creative Suite 3 应用程序的一致性，并可以进行自定义以改进工作流程和最大化工作区空间。

2. 丰富的绘图功能

使用智能形状绘制工具以可视方式调整工作区上的形状属性，使用 Adobe Illustrator 所倡导的新的钢笔工具创建精确的矢量插图，从 Illustrator CS3 将插图粘贴到 Flash CS3 中等。

3. Photoshop 和 Illustrator 导入

Adobe Photoshop 和 Illustrator 导入在保留图层和结构的同时，导入 Photoshop（PSD）和 Illustrator（AI）文件，然后在 Flash CS3 中编辑它们。使用高级选项在导入过程中优化和自定义文件。

4. 将动画转换为 ActionScript

即时将时间线动画转换为可由开发人员轻松编辑、再次使用和利用的 ActionScript 3.0 代码。将动画从一个对象复制到另一个对象。

5. 其他方面

（1）ActionScript 3.0 开发。使用新的 ActionScript 3.0 语言节省时间，该语言具有改进的性能、增强的灵活性及更加直观和结构化的开发。

（2）用户界面组件。使用新的、轻量的、可轻松设置外观的界面组件为 ActionScript 3.0 创建交互式内容。使用绘图工具以可视方式修改组件的外观，而不需要进行编码。

（3）高级 QuickTime 导出。使用高级 QuickTime 导出器，将在 SWF 文件中发布的内容渲染为 QuickTime 视频。导出包含嵌套的 MovieClip 的内容、ActionScript 生成的内容和运行时效果（如投影和模糊）。

（4）复杂的视频工具。使用全面的视频支持，创建、编辑和部署流和渐进式下载的 Flash Video。使用独立的视频编码器、Alpha 通道支持、高质量视频编解码器、嵌入的提示点、视频导入支持、QuickTime 导入和字幕显示等，确保获得最佳的视频体验。

（5）省时编码工具。使用新的代码编辑器增强功能节省编码时间。使用代码折叠和注释有利于代码的阅读，还可以使用错误导航功能跳到错误代码处。

第三节　Flash CS3 的安装与卸载

一、Flash CS3 的安装

在安装 Flash CS3 之前，需要检查计算机是否达到了最低配置要求，由于现在使用较多的是 Windows XP 系统，只有少数用户使用 Macintosh 系统。因此，下面介绍 Windows XP 系统下的最低配置。

（1）CPU：至少为 600 MHz PIII 以上的处理器。

（2）操作系统：Windows 98 SE，Windows 2000 或 Windows XP。

（3）内存：至少为 128 MB 容量的内存，建议使用 256 MB 或更高容量的内存。

（4）硬盘空间：至少有 190 MB 可用硬盘空间。

（5）显示器：支持 800×600 VGA 或更高分辨率的显示器，建议使用 1 024×768 VGA。

（6）其他配置：键盘、光驱和鼠标。

在计算机达到了最低配置要求后，就可以进行 Flash CS3 的安装了，下面给出它在 Windows XP 操作系统下的整个安装过程。

（1）将 Flash CS3 的安装光盘放入光驱，双击光盘中的安装文件，进入"正在初始化文件"界面（见图 1.3.1），稍等片刻，系统会进入"欢迎使用 Adobe Flash CS3"界面，显示一些欢迎信息，如图 1.3.2 所示。

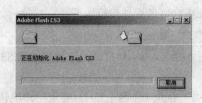

图 1.3.1　"正在初始化文件　　　　　　　　图 1.3.2　"欢迎使用 Adobe Flash CS3"界面

（2）单击　下一步 >　按钮，进入"安装选项"界面（见图 1.3.3），显示该软件的安装选项，用户可以使用鼠标左键选择需要安装的选项。

（3）单击　下一步 >　按钮，进入"更改概述"界面，显示该软件的安装组件，如图 1.3.4 所示。

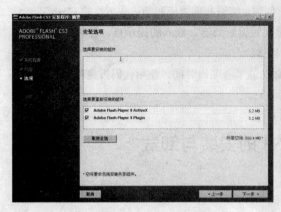

图 1.3.3　"安装选项"界面　　　　　　　　图 1.3.4　"更改概述"界面

（4）单击 安装> 按钮，进入"程序安装进度"界面（见图 1.3.5），显示 Flash CS3 的安装进度信息。如果想退出，单击 取消 按钮。

（5）单击 完成 按钮完成安装，如图 1.3.6 所示。

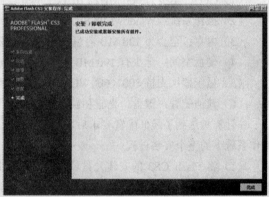

图 1.3.5　"程序安装进度"界面　　　　　　图 1.3.6　"安装完成"界面

二、Flash CS3 的卸载

当用户不再使用 Flash CS3 时，可以将其卸载，以节约磁盘空间。但 Flash CS3 的卸载绝不是简单的将 Flash CS3 所在的文件夹删除，因为删除后配置文件将仍然保留在系统中，会对系统的运行速度产生影响，所以正确的卸载是对计算机资源的保护。卸载 Flash CS3 的操作步骤如下：

（1）选择 开始 → 控制面板(C) 命令，打开 控制面板 窗口，如图 1.3.7 所示。

（2）选中"添加或删除程序"图标，双击鼠标左键，进入 添加或删除程序 窗口，选择 Flash CS3 软件，如图 1.3.8 所示。

（3）单击 更改/删除 按钮，弹出"欢迎使用 Adobe Flash CS3"界面（见图 1.3.9），要求用户确认是否删除已安装的 Flash CS3 应用程序。

（4）单击 下一步> 按钮进行卸载，系统将弹出如图 1.3.10 所示的系统摘要。

（5）单击 卸载> 按钮进行卸载，弹出"正在删除"对话框，如图 1.3.11 所示。

图 1.3.7　"控制面板"窗口

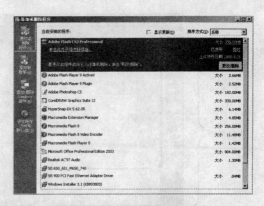

图 1.3.8　"添加或删除程序"窗口

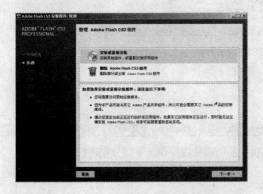

图 1.3.9　"欢迎使用 Adobe Flash CS3"界面

图 1.3.10　提示框

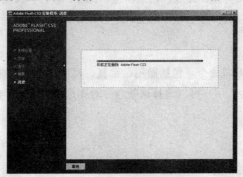

图 1.3.11　"正在删除"对话框

第四节　Flash CS3 的工作界面

Flash CS3 的工作界面与 Adobe 软件的工作界面趋于一致，它是由标题栏、菜单栏、工具箱、面板等几部分组成。启动 Adobe Flash CS3 应用程序，工作界面如图 1.4.1 所示。

一、标题栏

在标题栏中包括软件的名称、用户目前正在编辑文档的名称和控制面板工作窗口的按钮。

图 1.4.1　Flash CS3 的工作界面

二、菜单栏

Flash CS3 的菜单栏包括 文件(F)、编辑(E)、视图(V)、插入(I)、修改(M)、文本(T)、命令(C)、控制(O)、调试(D)、窗口(W) 和 帮助(H) 11 个菜单项，提供了该软件的所有常规操作，下面分别进行介绍。

1. 文件菜单

文件菜单中包含常用的文件操作命令，包括新建、保存、打开、关闭、导入、导出、发布、页面设置和打印等命令，用户可以选择这些命令对文件进行操作。

2. 编辑菜单

编辑菜单中包含常用的编辑命令，包括撤销、重复、复制、粘贴、查找/替换、时间轴、编辑元件、快捷键和首选参数等命令，用户可以选择这些命令对图形进行编辑、自定义快捷键和设置系统的首选参数等操作。

3. 视图菜单

视图菜单中包含常用的控制屏幕显示的命令，包括放大、缩小、转到、缩放比率、预览模式、工作区等。

4. 插入菜单

插入菜单中包含常用的插入命令，包括新建元件、时间轴、时间轴特效和场景等命令，用户可以选择这些命令进行创建新元件、插入图层、插入场景等操作。

5. 修改菜单

修改菜单中包括常用的修改命令，包括文档、位图、元件、形状、合并对象、变形、对齐、排列和组合等命令，用户可以选择这些命令进行修改动画的对象、场景及动画属性等操作。

6. 文本菜单

文本菜单中包含常用的文本命令，包括字体、大小、样式、对齐、字符间距、检查拼写和拼写设置命令,用户可以选择这些命令来设置文本的属性。

7. 命令菜单

命令菜单中包括管理保存命令、获取更多命令和运行命令,用户可以使用这 3 个命令管理常用的命令及从网站上获取其他命令。

8. 控制菜单

控制菜单中包含常用的控制命令,包括播放、后退、前进一帧、测试影片、测试场景等命令,用户可以选择这些命令控制影片的播放。

9. 调试菜单

调试菜单栏中包括调试影片、开始远程调试会话等,用户可以根据自己的需要选择这些命令调试影片。

10. 窗口菜单

窗口菜单中包含常用的控制窗口命令,包括直接复制窗口、工具栏、时间轴、库、动作、对齐、混色器和组件等命令,用户可以选择这些命令控制 Flash CS3 中的窗口布局、打开或关闭工具栏以及打开和关闭各种面板等。

11. 帮助菜单

帮助菜单中包含常用的帮助命令,包括 Flash 帮助、Flash CS3 的新增功能、Flash 技术支持中心、Adobe 在线论坛等命令,用户可通过选择这些命令,更加深入地了解和使用 Flash CS3。

三、工具箱

在 Flash CS3 中,所有的绘图工具都集成在工具箱中,用户可以使用它们对图像或选区进行操作。若工作界面中无工具箱,可以选择 窗口(W) → ✓ 工具(L)　　Ctrl+F2 命令将其打开,如图 1.4.2 所示。

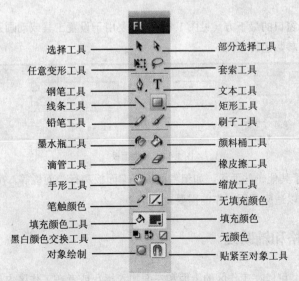

图 1.4.2　工具箱

四、工作区

工作区是绘制和编辑图形的矩形区域，也是创建动画的区域，用户可以更改其缩放比率以方便操作（见图 1.4.3 和图 1.4.4）。工作区的最小缩小比率为 8%，最大放大比率为 2000%。

 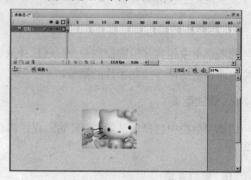

图 1.4.3　放大工作区　　　　　　　　　　　图 1.4.4　缩小工作区

五、时间轴面板

时间轴面板的默认位置是工作区的上方，菜单栏的下方，它可以用来控制元件出现的时间或移动的速度，如图 1.4.5 所示。

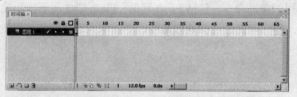

图 1.4.5　时间轴面板

六、属性面板

属性面板位于程序窗口的最下方（见图 1.4.6），主要用于设置工具或动画元素的参数，选取的对象不同，属性面板中的参数也将不同。

图 1.4.6　属性面板

Flash CS3 还提供了其他一些面板，如组件面板、库面板和行为面板等，用户可以根据需要对面板布局进行重新组合，以适应不同工作的需要。

七、标尺、网格和辅助线

为了准确定位对象，可以在工作区的上面和左面加入标尺或者在工作区内显示网格和辅助线，如

图 1.4.7 所示。

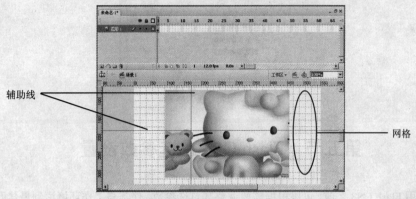

辅助线

网格

图 1.4.7　显示标尺、网格和辅助线

1．显示和隐藏标尺

选择 视图(V) → ✔ 标尺(R)　　Ctrl+Alt+Shift+R 命令，可以在工作区中显示标尺，再次选择可将其隐藏。

2．显示和隐藏网格

选择 视图(V) → 网格(D) ▶ ✔ 显示网格(D)　Ctrl+' 命令，可以在工作区中显示网格，再次选择可将其隐藏。

选择 视图(V) → 网格(D) ▶ 编辑网格(E)...　Ctrl+Alt+G 命令，弹出"网格"对话框（见图 1.4.8），用户可以设置网格的颜色、间距、精确度等。

3．显示和隐藏辅助线

选择 视图(V) → 辅助线(E) ▶ 显示辅助线(U)　Ctrl+; 命令，然后将鼠标从标尺栏向工作区拖动，即可产生辅助线，再次选择可将其隐藏。选择工具箱中的选择工具 后，可以用鼠标拖动辅助线以调整其位置，如图 1.4.9 所示。

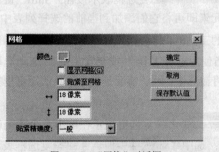

图 1.4.8　"网格"对话框　　　　　　图 1.4.9　调整辅助线的位置

选择 视图(V) → 辅助线(E) ▶ 锁定辅助线(K)　Ctrl+Alt+; 命令，可以将辅助线锁定，此时无法使用鼠标调整其位置。

选择 视图(V) → 辅助线(E) ▶ 编辑辅助线...　Ctrl+Alt+Shift+G 命令，弹出"辅助线"对话框（见图 1.4.10），用户可以在其中设置辅助线的颜色和精确度，并可确定是否显示、贴紧或锁定辅助线。

图 1.4.10　"辅助线"对话框

第五节　Flash CS3 首选参数设置

　　用户在使用 Flash CS3 之前，可以根据需要调整其首选参数，使其与工作环境达到最佳匹配状态，以发挥该软件的最佳性能。

一、设置常规选项

　　选择 编辑(E) → 首选参数(S)...　　　　Ctrl+U 命令，弹出"首选参数"对话框，如图 1.5.1 所示。选择 常规 选项，即可打开"常规"参数设置区，该参数设置区中各选项含义如下：

　　（1）启动时：该选项用于设置启动 Flash CS3 时打开哪个文档。其下拉列表包含 4 个选项：显示开始页、不打开任何文档、新建文档和打开上次使用的文档。选择"显示开始页"选项显示"开始"页面；选择"新建文档"选项可打开一个新的空白文档；选择"打开上次使用的文档"选项，可打开上次退出 Flash 时打开的文档；选择"不打开任何文档"选项，可启动 Flash 而不打开任何文档。

　　（2）撤消(U)：该选项用于设置文档或对象的撤销层级，又称为撤销次数，其取值范围为 2～300。撤销级别需要消耗内存，设置的撤销级别越多，占用的系统内存就越多，用户可根据工作需要设置合适的撤销层级，系统默认撤销层级为 100。

　　（3）工作区：选中 ☑ 接触感应选择和套索工具(C) 复选框，当用户测试影片时，系统会自动创建一个新的文档以打开该测试影片，默认情况是在该文件窗口中打开测试影片。

　　（4）选择：在该选项区中，选中 ☑ 使用 Shift 键连续选择(H) 复选框表示按住"Shift"键的同时使用鼠标单击可以连续选取对象，否则只需单击附加元素即可将它们添加到当前的选择列表中；选中 ☑ 显示工具提示(W) 复选框表示用户在选取工具箱中的工具时，将会在光标停留的工具上显示简短提示；选中 ☑ 接触感应选择和套索工具(C) 复选框表示当使用选择工具 或套索工具 拖动选取对象时，如果矩形框中包括对象的任何一个部分，则对象将被选中，默认情况是仅当工具的矩形框完全包围对象时，对象才被选中。

　　（5）时间轴：在该选项区中，选中 ☑ 基于整体范围的选择(S) 复选框表示在单击一个关键帧到下一个关键帧之间的任何帧时，整个帧序列都将被选中；选中 ☑ 场景上的命名锚记(N) 复选框表示可以让 Flash 将文档中每个场景中的第一帧作为命名锚记。命名锚记可以让用户使用浏览器中的"前进"和"后退"按钮从 Flash 应用程序的一个场景跳转到另一个场景。

　　（6）加亮颜色：在该选项区中，选中 ☑ 单选按钮，单击该色块，可在其打开的颜色面板中选择高光的颜色；选中 使用图层颜色(L) 单选按钮，可以使用当前图层的轮廓颜色作为高光的颜色。

　　（7）项目：在该选项区中，选中 ☑ 随项目一起关闭文件 复选框表示可以使项目中的所有文件在关闭项目文件时关闭；选中 ☑ 在测试项目或发布项目时保存文件 复选框表示只要测试或发布项目，便保存项目中的每个文件。

（8）**打印：**：该选项仅限于在 Windows 操作系统下使用，选中 **☑ 禁用 PostScript(P)** 复选框表示打印到 PostScript 打印机时禁止 PostScript 输出，该选项默认状态为非选中状态。

二、设置 ActionScript 选项

选择 **编辑(E)** → **首选参数(S)…** **Ctrl+U** 命令，弹出"首选参数"对话框，选择 **ActionScript** 选项，即可打开"ActionScript"参数设置区，如图 1.5.2 所示。

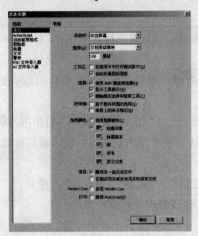
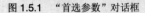
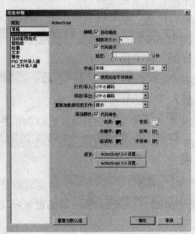

图 1.5.1 "首选参数"对话框　　　　图 1.5.2 "ActionScript"参数设置区

"ActionScript"参数设置区中各选项含义如下：

（1）**编辑：**：在该选项区中，选中 **☑ 自动缩进** 复选框表示在左括号"（"或左大括号"{"之后输入的文本将按照 ActionScript 首选参数中"制表符大小"的设置自动缩进；在 **制表符大小：** 右侧的文本框中输入数值可设置自动缩进打开时新行中偏移的字符数，默认值为 4；选中 **☑ 代码提示** 复选框表示在 ActionScript 语句的书写过程中帮助用户准确地编写代码，用户可拖动 **延迟：** 右侧的滑杆上的滑块以指定代码提示出现之前的延迟时间（以秒为单位）。

（2）**字体：**：该选项用于设置编写脚本时使用的字体。选中 **☑ 使用动态字体映射** 复选框后系统会自动检查该字体，以确保所选的字体系列具有呈现每个字符所必须的字形。如果没有，Flash 会自动替换一个包含该字符的字体。

（3）**打开/导入：**：该选项用于设置打开和导入 ActionScript 文件时使用的字符编码。单击其右侧的下拉按钮 **▼**，弹出其下拉列表，该下拉列表包括两个选项：UTF-8 编码和默认编码，用户可以根据需要进行选择。

（4）**保存/导出：**：该选项用于设置保存和导出 ActionScript 文件时使用的字符编码，其使用方法同上。

（5）**重新加载修改的文件：**：该选项用于选择何时查看有关脚本文件是否修改、移动或删除的警告。单击其右侧的下拉按钮 **▼**，弹出其下拉列表，该下拉列表包括 3 个选项："总是"、"从不"和"提示"。"总是"表示发现更改时不显示警告，自动重新加载文件；"从不"表示发现更改时不显示警告，文件保持当前状态；"提示"表示发现更改时显示警告，可以选择是否重新加载文件，其为默认选项。

（6）**语法颜色：**：该选项区用于设置脚本中代码的颜色。选中 **☑ 代码着色** 复选框表示可以选择在

"脚本"窗口中显示各种代码的颜色。

（7）语言：：单击 ActionScript 2.0 设置... 或 ActionScript 3.0 设置... 按钮，即可弹出"ActionScript 设置"对话框，在该对话框中可对其参数进行设置。

三、设置自动套用格式

选择 编辑(E) → 首选参数(S)...　　　　Ctrl+U 命令，弹出"首选参数"对话框，选择 自动套用格式 选项，即可打开"自动套用格式"参数设置区，如图 1.5.3 所示。

"自动套用格式"参数设置区中各选项含义如下：

（1）选中 ☑ 在 if、for、switch、while 等后面的行上插入 {(I) 复选框表示在 if，for，switch 和 while 后面另起一行插入左大括号"{"。

（2）选中 ☑ 在函数、类和接口关键字后面的行上插入 {(N) 复选框表示在函数、类和接口关键字后面另起一行插入左大括号"{"。

（3）选中 ☑ 不拉近 } 和 else(D) 复选框表示在右大括号"}"后面紧跟"else"而不用另起一行书写。

（4）选中 ☑ 函数调用中在函数名称后插入空格(S) 复选框表示在函数调用中的函数名称后插入一个字符的空格。

（5）选中 ☑ 运算符两边插入空格(E) 复选框表示在运算符两边插入一个字符的空格。

（6）选中 ☑ 不设置多行注释格式 复选框表示多行注释的格式没有被设置。

四、设置剪贴板参数

选择 编辑(E) → 首选参数(S)... 命令，弹出"首选参数"对话框，选择 剪贴板 选项，即可打开"剪贴板"参数设置区，如图 1.5.4 所示。

"剪贴板"参数设置区只包含 位图：选项区，该选项区用于设置复制到剪贴板中位图的参数，其中各选项含义如下：

（1）颜色深度(C)：：用于设置位图颜色的深浅程度，单击 颜色深度(C)： 右侧的下拉按钮 ▼，弹出其下拉列表，其中包含 7 个选项：无、匹配屏幕、4 位彩色、8 位彩色、16 位彩色、24 位彩色和 32 位彩色 Alpha，用户可根据需要进行设置，系统默认为"匹配屏幕"。

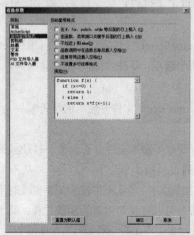

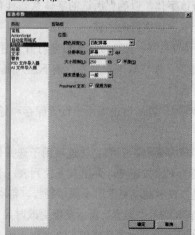

图 1.5.3　"自动套用格式"参数设置区　　　　　图 1.5.4　"剪贴板"参数设置区

（2）分辨率(R)：：用于设置位图的分辨率，单击分辨率(R)：右侧的下拉按钮▼，弹出其下拉列表，该下拉列表包含 4 个选项：屏幕、72、150 和 300，系统默认为"屏幕"。

（3）大小限制(L)：：用于设置将位图图像复制到剪贴板中时占用的内存大小，系统默认的大小为250 kb，选中 ☑ 平滑(S) 复选框可消除位图图像的锯齿。

（4）渐变质量(Q)：：该选项仅限于在 Windows 操作系统下使用，用于设置在 Windows 源文件中放置的渐变填充质量。单击该选项右侧的下拉按钮▼，弹出其下拉列表，其中包含 4 个选项：无、快速、最佳和一般，选择较高的品质将增加复制插图所需的时间。

（5）FreeHand 文本：：选中 ☑ 保持为块 复选框表示复制到剪贴板中的 FreeHand 文本为一个整体块，并且可编辑。

五、设置绘画参数

选择 编辑(E) → 首选参数(S)... 命令，弹出"首选参数"对话框，选择绘画选项，即可打开"绘画"参数设置区，如图 1.5.5 所示。

"绘画"参数设置区中各选项的含义如下：

（1）钢笔工具：：在该选项区中，选中 ☑ 显示钢笔预览(P) 复选框表示在使用钢笔工具绘图时，系统将笔尖移动轨迹预先显示出来；选中 ☑ 显示实心点(N) 复选框表示使用钢笔工具绘制的锚点为实心点，否则为空心点；选中 ☑ 显示精确光标(U) 复选框表示使用钢笔工具时，其鼠标光标以精确的"十"字线显示，而不是以默认的钢笔图标出现，这样可以提高线条的定位精度。

（2）连接线(C)：：用于设置绘制闭合图形时端点与终点之间的关系，单击其右侧的下拉按钮▼，弹出其下拉列表，包括 3 个选项，分别为必须接近、一般和可以远离，默认选项为一般。

（3）平滑曲线(M)：：用于设置曲线的平滑度，单击其右侧的下拉按钮▼，弹出其下拉列表，包括4 个选项，分别为关、粗略、一般和平滑，默认选项为一般。

（4）确认线(L)：：用于设置直线的精确度，单击其右侧的下拉按钮▼，弹出其下拉列表，包括 4个选项，分别为关、严谨、一般和宽松，默认选项为一般。

（5）确认形状(S)：：用于设置在 Flash 中绘制的不规则形状被识别为规则形状的精确度，单击其右侧的下拉按钮▼，弹出其下拉列表，包括 4 个选项，分别为关、严谨、一般和宽松，默认的选项为一般。

（6）点击精确度(A)：：用于设置用鼠标选取对象时鼠标光标位置的准确性，单击其右侧的下拉按钮▼，弹出其下拉列表，包括 3 个选项，分别为严谨、宽松和一般，默认选项为一般。

六、设置文本参数

选择 编辑(E) → 首选参数(S)... 命令，弹出"首选参数"对话框，单击文本选项，即可打开"文本"参数设置区，如图 1.5.6 所示。

"文本"参数设置区中各选项含义如下：

（1）字体映射默认设置(F)：：用于设置在打开 Flash 文档时替换缺失字体所使用的字体。单击其右侧的下拉按钮▼，弹出其下拉列表，用户可以在该列表中选择将要使用的字体。

（2）垂直文本(V)：：该选项区用于设置垂直文本的排列方式。选中 ☑ 默认文本方向(D) 复选框表示将默认的文本方向设置为垂直；选中 从右至左的文本流向(R) 复选框表示将默认的文本方向水平翻转，即将默认的从左至右的排列方式转换为从右至左的排列方式；选中 不调整字距(N) 复选框表示关闭垂直文本字距微调。

（3）输入方法(I)：在该选项区中，选中 日语和中文(J) 单选按钮表示输入的文字为中文或日语；选中 韩文(K) 单选按钮表示输入的文字为韩文。

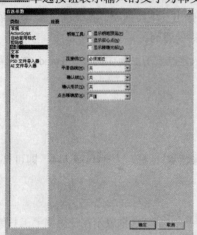
图 1.5.5　"绘画"参数设置区

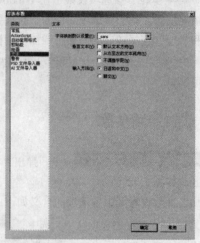
图 1.5.6　"文本"参数设置区

七、设置警告参数

选择 编辑(E) → 首选参数(S)... 命令，弹出"首选参数"对话框，单击 警告 选项，即可打开"警告"参数设置区，如图 1.5.7 所示。

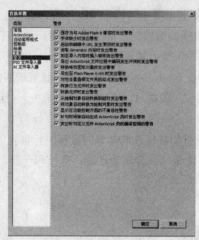
图 1.5.7　设置警告参数

"警告"参数设置区中各选项含义如下：

（1）选中 保存为与 Adobe Flash 8 兼容时发出警告 复选框表示将使用 Flash CS3 创建的文档保存为 Flash 8 文件时发出警告信息以提示用户。

（2）选中 字体缺少时发出警告 复选框表示在 Flash 中打开文档时在缺少字体的情况下发出警告信息以提示用户。

（3）选中 **启动和编辑中 URL 发生更改时发出警告** 复选框表示在文档的编辑和发送过程中 URL 改变时发出警告信息。

（4）选中 **读取 Generator 内容时发出警告** 复选框表示在所有 Generator 对象上显示一个红色的 "×" 符号，提醒用户在 Flash 8 中不支持 Generator 对象。

（5）选中 **如在导入内容时插入帧则发出警告** 复选框表示在导入音频或视频文件时，提示用户是否增加帧数以适合文件的长度。

（6）选中 **导出 ActionScript 文件过程中编码发生冲突时发出警告** 复选框表示在选择"默认编码"时在数据丢失或出现乱码的情况下发出警告。

（7）选中 **转换特效图形对象时发出警告** 复选框表示当用户试图编辑已应用时间轴特效的元件时发出警告。

（8）选中 **导出至 Flash Player 6 r65 时发出警告** 复选框表示当用户将文件导出至版本较低的 Flash 播放器时发出警告。

（9）选中 **对包含重叠根文件夹的站点发出警告** 复选框表示当用户创建的本地根文件夹与另一站点重叠时发出警告。

（10）选中 **转换行为元件时发出警告** 复选框表示当用户将具有附加行为的元件转换为其他类型时（例如将按钮转换为影片剪辑）发出警告。

（11）选中 **转换元件时发出警告** 复选框表示将元件转换为其他类型时显示提示对话框。

（12）选中 **从绘制对象自动转换到组时发出警告** 复选框表示当用户将在对象绘制模式下绘制的图形对象转换为组时发出警告。

（13）选中 **将对象自动转换为绘制对象时发出警告** 复选框表示当用户将在对象绘制模式下绘制的图形对象转换为对象时发出警告。

（14）选中 **显示在功能控制方面的不兼容性警告** 复选框表示让 Flash 将 Flash Player 不支持的功能在控件上显示警告，该版本是当前的 FLA 文件在其"发布设置"中面向的版本。

（15）选中 **针对时间轴自动生成 ActionScript 类时发出警告** 复选框表示当用户将在时间轴自动生成 ActionScript 类时发出警告。

（16）选中 **发出针对定义元件 ActionScript 类的编译剪辑的警告** 复选框表示在发出针对定义元件 ActionScript 类时发出警告。

第六节　实　例　应　用

利用 Flash CS3 不仅可以制作精彩的动画，而且可以使用其中的绘图工具绘制精美的图形，本例将使用绘图工具绘制漂亮的流氓兔，其具体操作步骤如下：

（1）启动 Flash CS3 软件，新建一个空白文档。

（2）选择工具箱中的钢笔工具 ，在打开的属性面板中设置其属性，如图 1.6.1 所示。

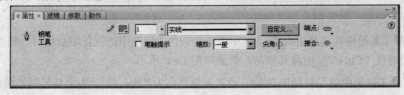

图 1.6.1　"钢笔工具"属性面板

（3）将其填充颜色设置为"白色"，并使用钢笔工具 ⬦ 在舞台中绘制如图 1.6.2 所示的图形。

（4）选择工具箱中的选择工具 ▶，选择绘制的流氓兔的轮廓，在其属性面板中设置笔触高度为
"6"，效果如图 1.6.3 所示。

图 1.6.2 使用钢笔工具绘制的图形　　　　图 1.6.3 调整后的图形

（5）单击"插入图层"按钮 ▣，新建图层 2，选择工具箱中的线条工具 ＼，将其笔触颜色设置
为"黑色"，笔触高度设置为"6"，绘制流氓兔的眼睛和嘴，如图 1.6.4 所示。

（6）单击"插入图层"按钮 ▣，新建图层 3，选择工具箱中的钢笔工具 ⬦，在场景中绘制如图 1.6.5
所示的图形。

图 1.6.4 绘制眼睛和嘴　　　　图 1.6.5 绘制的图形

（7）选择工具箱中的颜料桶工具 ⬧，设置其填充色为"灰色"，为上步绘制的图形填充颜色，
如图 1.6.6 所示。

（8）选择工具箱中的选择工具 ▶，双击步骤（6）中绘制的线条，当线条显示为点状时，按"Delete"
键将其删除，效果如图 1.6.7 所示。

图 1.6.6 填充颜色　　　　图 1.6.7 删除轮廓线

（9）选择工具箱中的选择工具 ▶，选中填充的灰色，当选中的灰色成点状时，按"Ctrl+C"键
将其复制，接着按"Ctrl+V"键将其粘贴，效果如图 1.6.8 所示。

（10）选择工具箱中的颜料桶工具 ⬧，设置其填充色为"浅灰色"，为上步复制的图形填充颜色。

选择工具箱中的任意变形工具 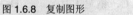，将复制的图形的大小和位置进行调整，效果如图 1.6.9 所示。

图 1.6.8　复制图形　　　　　　　　　图 1.6.9　填充颜色和变换位置

（11）单击"插入图层"按钮 ，新建图层 4，并将其移至图层的最底层。选择工具箱中的线条工具 ，设置其笔触颜色为"橘黄色"，笔触高度为"7"，绘制如图 1.6.10 所示的图形。

（12）选中步骤（11）绘制的图形，按"Ctrl+C"键将其复制，接着按"Ctrl+V"键将其粘贴，选择工具箱中的任意变形工具 ，将复制的图形的大小和位置进行调整，最终效果如图 1.6.11 所示。

图 1.6.10　绘制图形　　　　　　　　　图 1.6.11　最终效果

习　题　一

一、填空题

1. 工作区的最小缩小比率为_____%，最大放大比率为 2 000%。
2. Flash 中的文件是指 Flash 源文件，是可编辑的_____文件，而不是*.swf 文件。
3. 中文 Flash CS3 是_____公司推出的动画设计软件。
4. Flash CS3 中的工具箱分为_____、查看区、_____和选项区 4 个区域。
5. 在设置文本参数的内容中，文本内容包括_____、_____、_____三项。

二、选择题

1. 在 Flash CS3 的菜单中，如果菜单命令后带有一个 ▶ 标记，表示（　　）。
   A．该命令下还有子命令
   B．该命令具有快捷键
   C．单击该命令可弹出一个对话框
   D．该命令在当前状态下不可用

2. 为了准确定位对象，可以（ ）。

　　A. 在工作区的上面和左面加入标尺

　　B. 在工作区的四周加入标尺

　　C. 在工作区内显示网格

　　D. 在工作区内显示辅助线

3. Flash CS3 有（ ）种绘图模式。

　　A. 1　　　　　　　　B. 2　　　　　　　　C. 3　　　　　　　　D. 4

4. 在 Flash CS3 中使用（ ）可以移动"舞台"的位置。

　　A. 缩放工具　　　　B. 手形工具　　　　C. 钢笔工具　　　　D. 选择工具

5. 在文本的参数设置中，其输入方法有（ ）种。

　　A. 1 种　　　　　　B. 2 种　　　　　　C. 3 种　　　　　　D. 4 种

三、上机操作题

1. 使用工具箱中的工具练习绘制各种图形。

2. 在时间轴中的层控制区进行新建、删除图层等操作。

3. 打开 Flash CS3 软件，设置其首选参数。

第二章　Flash CS3 基本操作

使用 Flash CS3 不仅可以随心所欲地制作丰富的动画，还可以将制作的动画存储为压缩文档和模板等多种形式，本章主要从最基本的文件操作开始，逐步深入地介绍 Flash CS3 的操作。

本章主要内容：
- ◆ 新建文件
- ◆ 设置文件的参数
- ◆ 保存文件
- ◆ 打开和关闭文件

第一节　新 建 文 件

文件的新建、保存、打开和关闭是 Flash CS3 的基本操作，要使用该软件创建动画，首先要学习文件的基本操作。

一、通过开始页面新建文件

启动 Flash CS3 时，将会打开如图 2.1.1 所示的开始页面，用户可以通过选择相应的选项，创建不同类型的 Flash 文件。

图 2.1.1　开始页面

该页面包括 3 个部分，分别是"打开最近的项目"、"新建"和"从模板创建"。其中"打开最近的项目"选项列表中显示了最近打开的 Flash 文档；"新建"选项列表供用户创建不同类型的 Flash 文档，选择其中的 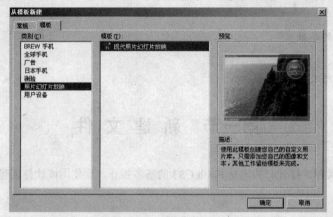Flash 文件(ActionScript 3.0) 选项，可以创建新的空白动画文件；"从模板创建"选项列表用于供用户直接调用模板创建文件。

二、通过模板创建新文件

Flash CS3 中自带了大量的模板，用户可通过直接调用模板，快速创建 Flash 文件。在开始页面中选择 照片幻灯片放映 选项，即可弹出如图 2.1.2 所示的"从模板新建"对话框。

图 2.1.2 "从模板新建"对话框

选择"照片幻灯片放映"选项，即可打开该模板，其中包括 1 个选项。如图 2.1.3 所示为选择"现代照片幻灯片放映"选项后新建的工作界面。

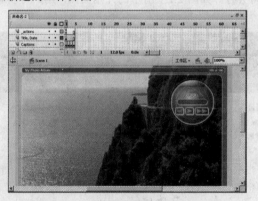

图 2.1.3 "幻灯片演示文稿"的工作界面

三、通过菜单命令创建文件

除了以上两种方式外，用户还可以在菜单栏中选择相应的命令创建 Flash 文档，其具体操作步骤如下：

（1）选择 文件(F) → 新建(N)... 命令，弹出"新建文档"对话框，如图 2.1.4 所示，单击 常规 标签，打开"常规"选项卡，用户可以从中选择相应选项创建 Flash 文档。

（2）选择 Flash 文件(ActionScript 3.0) 选项，单击 确定 按钮，即可创建一个新文件，如图 2.1.5 所示。

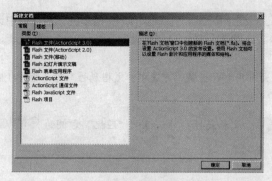

图 2.1.4 "新建文档"对话框

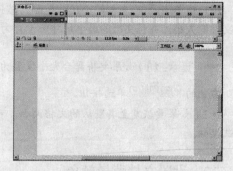

图 2.1.5 新建的 Flash 文档

技巧：用户可以通过单击工具栏中的"新建"按钮□创建新文件。

第二节 设置文件的参数

当用户创建好 Flash 文档后，经常会根据创作要求改变文件的大小、背景颜色、帧频等参数，以下将分别介绍设置这些参数的方法。

一、设置文件大小

Flash CS3 中默认的文件大小为"550×400"像素，如果要调整文件的大小，可通过以下方法实现：

（1）在菜单栏中选择 修改(M) → 文档(D)... 命令，弹出"文档属性"对话框，如图 2.2.1 所示。用户可以在 尺寸: 文本框中输入数值设置文件的大小。

图 2.2.1 "文档属性"对话框

（2）单击属性面板的上方即可展开属性面板，如图 2.2.2 所示。

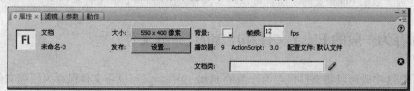

图 2.2.2 "文档"属性面板

用户可单击 大小: 右侧的"尺寸控制"按钮 550×400 像素 ，在弹出的"文档属性"对话框中设置文件的大小，并且文档的最小尺寸可设置为 18×18 像素，最大尺寸可设置为 2 800×2 800 像素。

提示：（1）如果要将舞台大小设置为最大可用打印区域，可选中"文档属性"对话框中"匹配"右侧的 ⊙打印机(P) 单选按钮。

（2）如果要恢复至其默认的文档大小，可选中"文档属性"对话框中"匹配"右侧的 ⊙默认(E) 单选按钮。

二、设置文档背景颜色

Flash CS3 中默认的文档背景色为"白色"，如果要调整文档的背景颜色，可通过以下方法实现：

（1）在菜单栏中选择 修改(M) → 文档(D)... 命令，弹出"文档属性"对话框（见图 2.2.1），单击 背景颜色: 右侧的色块 ，打开颜色调板，如图 2.2.3 所示，用户可使用鼠标单击色块，选中相应的颜色作为文件的背景色。

（2）单击属性面板中 背景: 右侧的色块 ，在打开的颜色调板中选择合适的背景颜色。

图 2.2.3　颜色调板

三、设置动画播放频率

Flash CS3 中默认的播放频率即帧频为 12，如果要调整文件的帧频，可通过以下方法实现：

（1）在菜单栏中选择 修改(M) → 文档(D)... 命令，弹出"文档属性"对话框（见图 2.2.1），用户可在 帧频(F): 文本框中输入数值设置帧频，帧频应根据动画的应用场合进行设置，如果仅用于网页，使用默认数值即可。

注意：帧频如果设置得过小，则帧序列之间的停顿就会太大，最终的动画效果会出现一走一停的情况；帧频如果设置得过大，则帧序列之间的停顿就会太小，最终的动画效果会因为太快而变得模糊不清，所以设置帧频时，应根据其应用场合而定。

（2）在属性面板中的 帧频: 文本框中输入数值即可设置帧频。

第三节　保 存 文 件

当用户制作好动画文件后，必须将文件保存起来，以备再次调入使用。在 Flash 中，用户不仅可以将文件保存为一般的 Flash 文件，而且可以将其保存为压缩的 Flash 文件和模板。

一、保存为一般的 Flash 文件和压缩的 Flash 文件

在 Flash CS3 中既可以将文件保存为一般的 Flash 文件，又可以将文件保存为压缩文件，以节省存储空间。

1. 保存为一般的 Flash 文件

在菜单栏中选择 文件(F) → 保存(S) 命令，弹出"另存为"对话框，如图 2.3.1 所示。

图 2.3.1 "另存为"对话框

保存文件的具体操作步骤如下：

（1）在 文件名(N): 文本框中输入将要保存文件的名称。

（2）单击 保存类型(T): 右侧的下拉按钮，弹出其下拉列表，其中包含两个选项：Flash CS3 文档和 Flash 8 文档，用户可在该列表中选择文件的存储类型，默认选项为 Flash CS3 文档。

（3）单击 保存在(I): 右侧的下拉按钮，弹出其下拉列表，用户可在该列表中选择合适的文件夹以保存该文件。

（4）设置好参数后，单击 保存(S) 按钮，即可将该文件存储在相应的文件夹中。

如果要将以前存储的文件打开重新进行编辑修改而不将原文件覆盖，可以在编辑完成后，在菜单栏中选择 文件(F) → 另存为(A) 命令，在弹出的"另存为"对话框中修改文件的保存路径或文件名，重新保存该文件或为该文件创建备份。

2. 保存为压缩的 Flash 文件

在菜单栏中选择 文件(F) → 保存并压缩(M) 命令，即可将文件压缩后再保存。

二、保存为模板

"模板"用于存放较常用的文件模型，用户可将做好的文件保存为"模板"，方便以后使用。在菜单栏中选择 文件(F) → 另存为模板(T) 命令，弹出"另存为模板"对话框，如图 2.3.2 所示。保存为模板的具体操作步骤如下：

（1）在 名称(N): 文本框中输入模板的名称。

（2）单击 类别(C): 右侧的下拉按钮，弹出"类别"下拉列表，用户可在其中选择模板的类别。

（3）在 描述(D): 文本框中输入文字，简短描述该模板的作用。

（4）设置好各项参数后，单击 保存(S) 按钮，即可将该文件保存为模板。

创建好模板后，如果用户想调用该模板，选择 文件(F) → 新建(N) 命令，在弹出的"从模板新建"对话框中单击 模板 标签，打开"模板"选项卡，即可在其中选择已保存的模板，如图 2.3.3 所示。

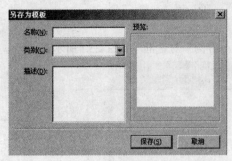
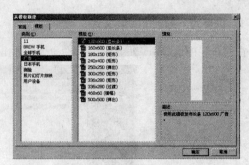

图 2.3.2　"另存为模板"对话框　　　　　　　图 2.3.3　"从模板新建"对话框

三、保存全部

当用户同时打开多个文件时，可通过选择"全部保存"命令一次性将多个文件同时保存，其具体操作如下：在菜单栏中选择 文件(F) → 全部保存 命令，弹出"另存为"对话框，用户可在 文件名(N): 文本框中输入文件名保存文件。如果用户打开多个文件，就会多次弹出"另存为"对话框，以供用户分别存储文件。

提示：用户可以单击常用工具栏中的"保存"按钮 💾，快速保存文件。

第四节　打开和关闭文件

在动画的制作过程中，经常需要将以前保存的文件打开，重新进行编辑修改，可选择菜单栏中的"打开"命令快速打开文件。打开文件的操作如下：

（1）在菜单栏中选择 文件(F) → 打开(O)... 命令，弹出"打开"对话框，如图 2.4.1 所示。

（2）单击 查找范围(I): 右侧的下拉按钮 ▼，弹出其下拉列表，用户可在其中选择文件的路径。

（3）在 文件名(N): 文本框中输入文件名或单击其右侧的下拉按钮 ▼，弹出其下拉列表，如图 2.4.2 所示，用户可在其中选择相应的文件。

图 2.4.1　"打开"对话框　　　　　　　图 2.4.2　"文件名"下拉列表

（4）单击 文件类型(T): 右侧的下拉按钮 ▼，弹出"文件类型"下拉列表，如图 2.4.3 所示，用户可在其中选择相应的文件类型。

（5）设置好参数后，单击 打开(O) 按钮，即可将选中的文件打开，如图 2.4.4 所示。

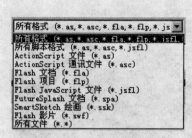

图 2.4.3　"文件类型"下拉列表

图 2.4.4　打开的动画文件

　　如果用户要打开最近修改编辑过的文件，可选择 文件(F) → 打开最近的文件(T) 命令，在弹出的子菜单中选择最近编辑过的文件。

提示：用户可以单击常用工具栏中的"打开"按钮 ，打开动画文件。

　　当用户将动画制作完成后，如果要将其关闭，可通过以下几种方法实现：

　　（1）在菜单栏中选择 文件(F) → 关闭(C) 命令，即可将文件关闭。

　　（2）如果用户同时打开了多个文件，也可以选择 文件(F) → 全部关闭 命令，同时关闭多个文件。

　　（3）单击工作窗口右上角的"关闭"按钮 ✕ 可快速关闭文件。

第五节　实 例 应 用

　　通过本章的学习，利用系统自带的模板，创建一个播放照片的幻灯片，其具体操作如下：

　　（1）在菜单栏中选择 文件(F) → 新建(N) 命令，弹出"新建文档"对话框，如图 2.5.1 所示。

　　（2）单击 模板 标签，即可打开该选项卡，如图 2.5.2 所示。

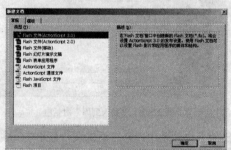

图 2.5.1　"新建文档"对话框

图 2.5.2　"模板"选项卡

　　（3）选择 照片幻灯片放映 选项，即可打开"照片幻灯片放映"模板，如图 2.5.3 所示。

　　（4）该模板只包含一个文件"现代照片幻灯片放映"，且处于选中状态，单击 确定 按钮，即可打开该文件，如图 2.5.4 所示。

　　（5）在时间轴面板中，照片都放置在"picture"层中，如图 2.5.5 所示。

　　（6）该图层的帧序列中包含 4 个关键帧，分别用于存放 4 张不同的图片，用鼠标单击第一帧，即可选中该图片，如图 2.5.6 所示，用鼠标单击不同的关键帧，即可选中该帧中的图片。

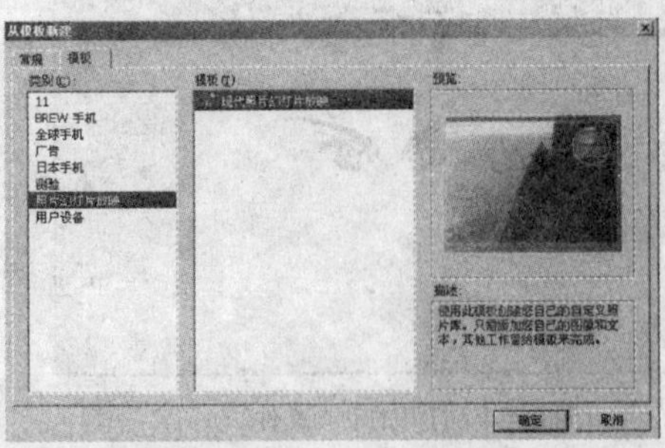

图 2.5.3　“照片幻灯片放映”模板

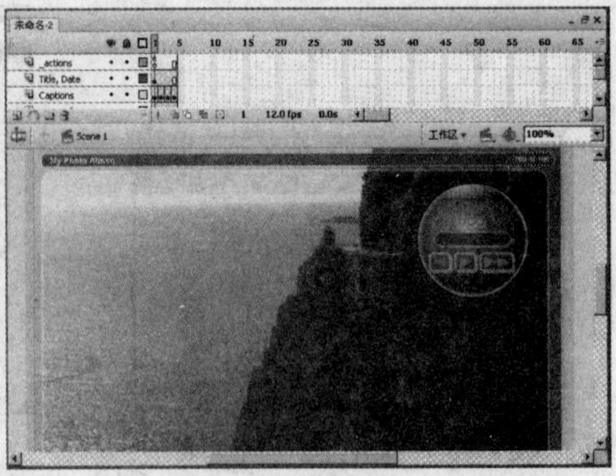

图 2.5.4　打开的模板文件

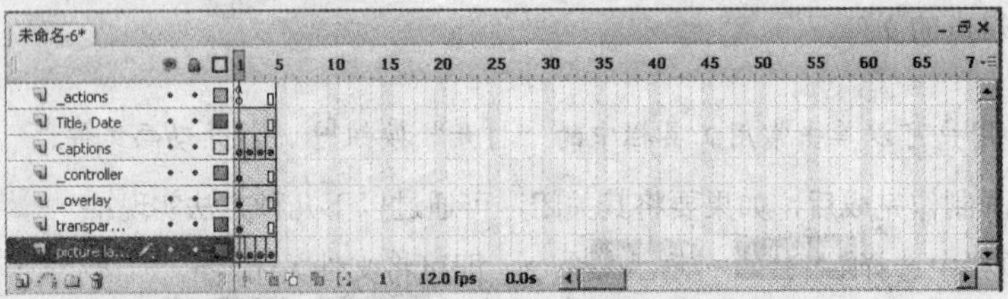

图 2.5.5　时间轴面板

（7）在菜单栏中选择 文件(F) → 导入(I) → 导入到库(L)... 命令，弹出“导入到库”对话框，如图 2.5.7 所示。

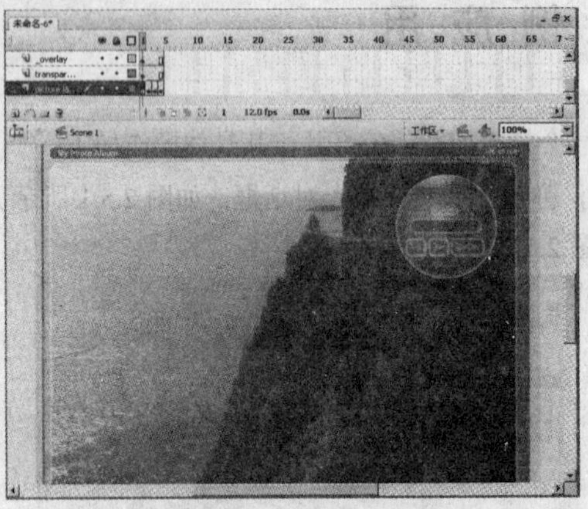

图 2.5.6　第一个关键帧中的图片

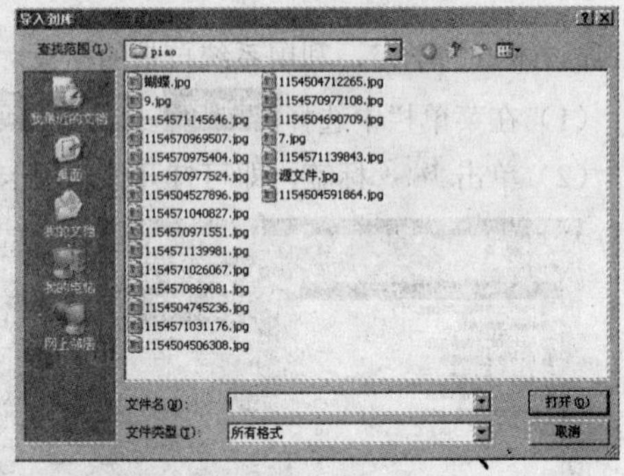

图 2.5.7　“导入到库”对话框

（8）单击 查找范围(I): 右侧的下拉按钮，在弹出的下拉列表中选择合适的图片后单击 打开(O) 按钮，即可将选中的图片导入到库中，如图 2.5.8 所示。

（9）单击除“picture”图层之外所有图层前面的眼睛图标将它们隐藏，单击选中第一帧，按“Delete”键删除该帧中的图片，此时的时间轴面板如图 2.5.9 所示。

（10）使“picture”图层中的第一帧保持选中状态，在库中单击选中一幅图片，按住鼠标不放将其拖至舞台中。单击对齐面板中的“相对于舞台居中”按钮、“水平居中”按钮和“垂直居中”按钮使图片处于舞台中央，并使用变形工具调整其符合舞台大小。此时，第一帧的图片已换成了导入的图片，如图 2.5.10 所示。

（11）重复步骤（9）～（10）的操作，依次将“picture”图层中的第 2 帧、第 3 帧和第 4 帧换成导入至库中的图片。

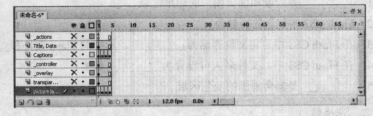

图 2.5.8　库面板　　　　　　　　　　　　　　　图 2.5.9　时间轴面板

（12）导入好图片后，再次单击眼睛图标 将所有隐藏的图层重新显示，按"Ctrl+Enter"键将制作完成的文档导出，在该文档中只需单击其中的"播放"按钮，即可播放导入的图片，如图 2.5.11 所示。

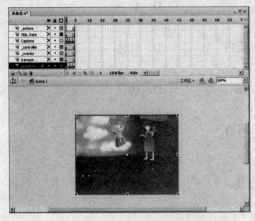

图 2.5.10　导入的图片　　　　　　　　　　　　图 2.5.11　图片幻灯片

（13）单击播放器右上角的"关闭"按钮 ✕ 将其关闭，在菜单栏中选择 文件(F) → 另存为(A) 命令，在弹出的"另存为"对话框中输入文档的名称（见图 2.5.12），单击 保存(S) 按钮，即可将制作完成的文件在不覆盖原文件的情况下重新保存。

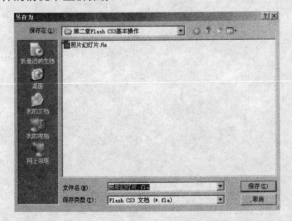

图 2.5.12　"另存为"对话框

习 题 二

一、填空题

1. _____是绘制和编辑图形的矩形区域。

2. Flash CS3 中默认的帧频为_____。

3. 在 Flash CS3 中可将文件存储为_____、压缩的 Flash 文件和_____。

4. 在 Flash CS3 中，文件最大可设置为_____像素。

5. _____是舞台周围的灰色区域。

二、选择题

1. Flash CS3 的工具箱位于工作界面的左侧，它由（　　）区域组成。

   A. 工具　　　　　　　B. 查看　　　　　　　C. 颜色　　　　　　　D. 选项

2. 在 Flash CS3 中，用户可以通过（　　）种方法新建文件。

   A. 1　　　　　　　　B. 2　　　　　　　　C. 3　　　　　　　　D. 4

3. Flash CS3 中默认的背景颜色为（　　）。

   A. 黑色　　　　　　　B. 白色　　　　　　　C. 蓝色　　　　　　　D. 红色

4. Flash CS3 默认的帧频为（　　）。

   A. 12　　　　　　　　B. 14　　　　　　　　C. 16　　　　　　　　D. 10

5. 用于定位对象的工具有（　　）。

   A. 标尺　　　　　　　B. 辅助线　　　　　　C. 网格　　　　　　　D. 工作区

三、上机操作题

1. 练习在舞台上显示标尺、网格，并且创建辅助线。

2. 使用不同的方法新建文档。

3. 使用属性面板修改文档的属性。

第三章 图形的绘制

使用 Flash CS3 制作动画之前，首先要使用绘图工具绘制图形，然后再使用辅助绘图工具调整图形，使整个画面更加完美、和谐。本章将主要介绍绘图基础知识、绘图工具的使用及辅助绘图工具的使用等内容。

本章主要内容：

◆ 绘图基础知识

◆ 绘图工具的使用

◆ 绘制填充图形

◆ 辅助绘图工具的使用

第一节 绘图基础知识

在计算机中，可将图形分为位图和矢量图两种类型。在 Flash CS3 中，使用绘图工具绘制的图形都是矢量图。在学习绘图工具之前，首先要学习绘图的基础知识及绘图技巧。

一、位图与矢量图

使用 Photoshop 绘制的图形为位图图像，位图图像表现出来的图像非常细腻，常用于制作色彩丰富或色彩变化较多的图像；使用 Flash 和 CorelDRAW 等矢量图制作软件绘制的图形为矢量图，矢量图以线条和色块为主来表现图像，其最大优点是图像不会随着缩放比例的变化而失真。

1. 位图

位图又称为点阵图，即图像是由成千上万个小点组成，每个点具有不同的颜色值，众多不同颜色值的像素点即可构成一幅色彩丰富的位图图像。

正因为位图图像中的像素点具有各自的颜色值，所以当放大位图图像时，就会产生严重的图像失真，如图 3.1.1 所示。

原图像　　　　　　　　　　　局部放大后的效果

图 3.1.1 放大位图图像

2. 矢量图

矢量图的实质是以数学的矢量方式定义线条的曲线，即矢量图以线条和色块为主。因此，即使对矢量图进行旋转和放大，也不会失真，如图 3.1.2 所示。

原图像　　　　　　　　　　　　　局部放大后的图像

图 3.1.2　放大矢量图图形

二、Flash CS3 中的绘图技巧

在 Flash CS3 中绘制图形时，会影响到同层中的其他图形，例如：当一条线穿过另一个图形时，会将该图形分为独立的几个部分，同时，该条线也被分割为几部分，这几部分都为独立的图形，可以对其进行移动、填充等操作，如图 3.1.3 所示。

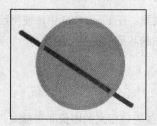

线条间的影响

　　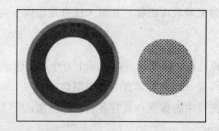

填充图形间的影响

图 3.1.3　同层图形间的相互影响

为了避免图形之间相互影响，可在绘制图形时将图形的各部分放置在不同的图层中，或将该图形组合后再对其进行操作。

第二节　绘图工具的使用

Flash CS3 中的工具箱提供了多种绘图工具，使用这些工具可以绘制各种形状的图形，并可以使用颜色填充工具填充图形以使图形的效果更加丰富。

一、铅笔工具

使用铅笔工具 ✏ 可以绘制不同形状、颜色及线型的线条。使用铅笔工具绘图时，就像在现实中使用铅笔绘画一样。使用该工具绘制图形的操作如下：

（1）在工具箱中选择铅笔工具 ✏。

（2）在舞台中单击鼠标左键作为线条的起点，并拖动鼠标进行绘制。

（3）在线条终点的位置释放鼠标左键即可完成使用铅笔工具绘制图形的操作。使用铅笔工具绘制的图形如图 3.2.1 所示。

图 3.2.1　使用铅笔工具绘制的图形

二、铅笔工具的属性设置

使用铅笔工具绘图时，可在其工具属性面板中设置线条的高度、颜色、样式等属性，如图 3.2.2 所示。

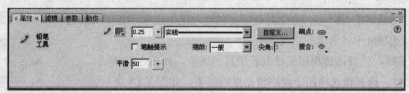

图 3.2.2　"铅笔工具"属性面板

"铅笔工具"属性面板中各选项含义如下：

（1）笔触颜色：该选项用于设置绘制的线条的笔触颜色，单击"笔触颜色"按钮 ■，即可打开颜色调板，用户可在该面板中选择笔触的颜色。

（2）笔触高度：在笔触高度文本框 ▢ 中输入数值可设置笔触的高度，也可单击该文本框右侧的下拉按钮 ▼，在弹出的滑杆上拖动滑块调节笔触的高度。

（3）笔触样式：单击笔触样式下拉列表框 ▭ 右侧的下拉按钮 ▼，弹出其下拉列表，如图 3.2.3 所示，用户可以在其中选择合适的笔触。

（4） 自定义... 按钮：单击该按钮即可弹出"笔触样式"对话框，如图 3.2.4 所示，用户可以在该对话框中设置参数自定义笔触。

（5） 端点：该选项用于设置线条终点的样式，单击其右侧的下拉按钮 ▼，弹出其下拉列表，其中包括 3 个选项：无、圆角和方型，如图 3.2.5 所示为选择圆角和方型时所绘制的线条。

（6） 缩放：该选项用于设置 Player 中的笔触缩放程度，单击该选项右侧的下拉按钮 ▼，弹出其下拉列表，其中包含 4 个选项：一般、水平、垂直和无，默认选项为一般。

图 3.2.3　"笔触样式"下拉列表　　　　图 3.2.4　"笔触样式"对话框

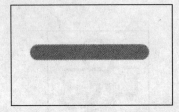

图 3.2.5　使用不同的端点样式绘制的线条

（7）**接合：**：该选项用于设置两个线条接合的方式，单击该选项右侧的下拉按钮 ▼ ，弹出其下拉列表，其中包含 3 个选项：尖角、圆角和斜角，用户可根据绘图要求选择合适的选项。

（8）**尖角：**：该选项用于设置线条接合方式为尖角时的清晰度，用户可在其右侧的文本框中输入数值设置其清晰度。

（9）**平滑**：该选项用于设置笔触的平滑程度，用户可在其文本框中输入数值设置笔触的平滑度，也可单击文本框右侧的下拉按钮 ▼ ，在弹出的滑杆上拖动滑块调节笔触的平滑度。

技巧：使用铅笔工具绘图时，按住 "Shift" 键可绘制水平或垂直方向的线条。

当用户选择铅笔工具 ✎ 后，在工具栏下方的选项区中会显示该工具的选项，如图 3.2.6 所示。
铅笔工具选项区中各选项的含义如下：

（1）**直线化：**选择该选项用于绘制较平直的线条，如图 3.2.7 所示。

（2）**平滑**：选择该选项用于绘制较平滑的线条，如图 3.2.8 所示。

（3）**墨水**：选择该选项用于绘制自由曲线，如图 3.2.9 所示。　　　图 3.2.6　"铅笔工具"选项

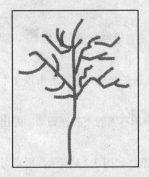

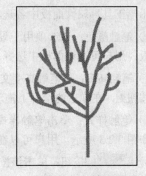

图 3.2.7　伸直模式　　　　　图 3.2.8　平滑模式　　　　　图 3.2.9　墨水模式

注意：使用铅笔工具 ✎ 绘制闭合图形时，不会自动为图形填充颜色，如果要填充颜色，可以使用颜料桶工具进行填充。

三、直线工具

直线工具 ╲ 用于绘制直线，使用该工具绘制图形的具体操作如下：

（1）在工具箱中选择直线工具 ╲ 。

（2）在舞台中单击鼠标左键作为线条的起点，并拖动鼠标进行绘制。

（3）在图形的终点位置释放鼠标左键，即可在两次单击点之间绘制一条直线。使用直线工具绘制的图形如图 3.2.10 所示。

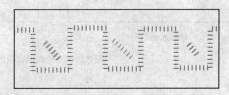

图 3.2.10　使用直线工具绘制的图形

技巧：使用直线工具 ╲ 绘图时，按住 "Shift" 键可以绘制角度为 0°，45° 和 90° 等按照 45° 整数倍变化的直线。

四、直线工具的属性设置

使用直线工具绘图时，可在该工具属性面板中设置直线的高度、颜色、样式等属性，如图 3.2.11 所示。该工具属性面板中各选项的含义及功能与铅笔工具相同。

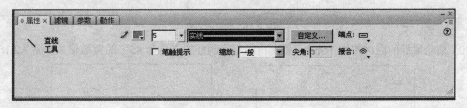

图 3.2.11　"直线工具"属性面板

五、钢笔工具

使用钢笔工具 可以绘制直线、曲线和折线等，还可以通过调整控制点来调整绘制的线条形状。

1. 绘制直线、折线和闭合图形

使用钢笔工具 绘制直线、折线和闭合图形的步骤如下：

（1）选择钢笔工具 ，在舞台上任一位置单击，移动光标至另一位置后再次单击，两个单击点之间会产生一条连线，如图 3.2.12 所示。

（2）在舞台上多次移动光标位置后单击，即可绘制一条折线，如图 3.2.13 所示。

（3）当图形绘制即将完成时，将光标移至起始点处，当光标的右下角出现一个小圆圈时单击鼠标，即可绘制一个闭合的图形，如图 3.2.14 所示。

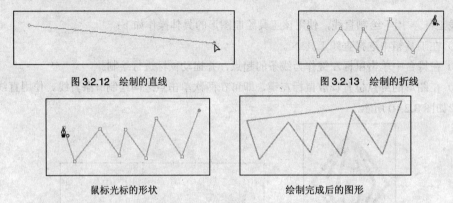

图 3.2.12 绘制的直线   图 3.2.13 绘制的折线

鼠标光标的形状   绘制完成后的图形

图 3.2.14 绘制闭合图形

2. 绘制曲线

使用钢笔工具可以绘制各种形状的曲线，其具体操作步骤如下：

（1）选择钢笔工具，在舞台上单击鼠标以产生第一个锚点，移动光标至另一位置单击鼠标同时拖动，即可绘制一条曲线，如图 3.2.15 所示。

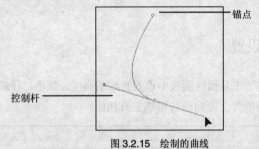

锚点

控制杆

图 3.2.15 绘制的曲线

（2）拖动鼠标的同时按住"Shift"键，将限制控制杆的方向为 45° 的整数倍，如图 3.2.16 所示。

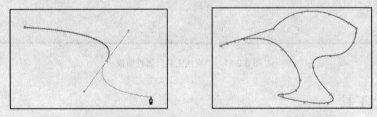

图 3.2.16 按住"Shift"键绘制的曲线

3. 调整曲线

使用钢笔工具绘制的曲线，其形状由锚点的位置、控制杆的长度及其角度控制，用户可以使用部分选取工具调整曲线，具体操作如下：

（1）使用部分选取工具在绘制的曲线上单击，此时，曲线上的所有锚点都处于选中状态，并且以空心点显示，如图 3.2.17 所示，拖动鼠标即可移动整个曲线的位置。

（2）单击其中的一个锚点，此时，该锚点以实心圆圈显示，且该锚点上出现一个控制杆，如图 3.2.18 所示。

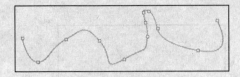
图 3.2.17　显示锚点

图 3.2.18　选中一个锚点

（3）选中锚点后，按住鼠标不放将其拖动至合适的位置后松开，即可移动该锚点的位置，如图 3.2.19 所示。

（4）选中锚点后，会出现该锚点的控制杆，此时，拖动控制杆的末端移动，控制杆的长度会随着鼠标移动的位置而改变，控制杆附近曲线的形状也会发生相应的变化，如图 3.2.20 所示。

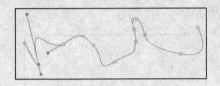
图 3.2.19　移动锚点的位置

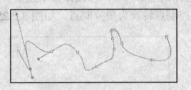
图 3.2.20　改变控制杆的长度

提示：使用键盘上的 4 个方向键可以准确地移动控制点。

（5）拖动锚点上的控制杆并改变其角度，此时，该控制点两侧的曲线会发生变化，其中，一侧曲线上升，另一侧曲线下降，如图 3.2.21 所示。

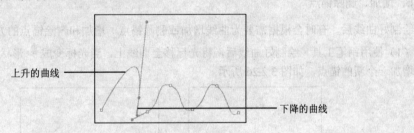

上升的曲线

下降的曲线

图 3.2.21　改变控制杆的角度

4. 改变锚点

使用钢笔工具绘制曲线时，产生的锚点有两种：一种为角控制点，即该锚点两侧至少有一侧是直线，如图 3.2.22 所示；另一种为曲线控制点，即该锚点两侧都是曲线，如图 3.2.23 所示。

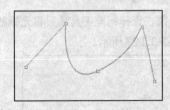
图 3.2.22　角控制点

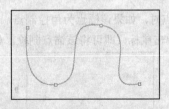
图 3.2.23　曲线控制点

在使用钢笔工具绘制图形的过程中，经常需要将角控制点和曲线控制点相互转换，可通过以下方法实现：

（1）选中角控制点，按住"Alt"键的同时使用部分选取工具拖动该锚点，即可将其转换为曲线控制点，如图 3.2.24 所示。

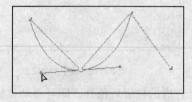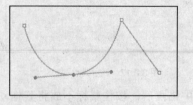

按住"Alt"键拖动角控制点　　　　　　　　　　　转换后的曲线

图 3.2.24　将角控制点转换为曲线控制点

（2）选择钢笔工具 ，将光标移动至要转换的曲线控制点上，当光标变为 形状时单击鼠标，即可将曲线控制点转换为角控制点，如图 3.2.25 所示。

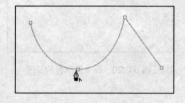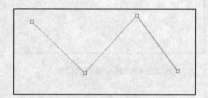

将光标移至曲线控制点上　　　　　　　　　　　转转后的曲线

图 3.2.25　将曲线控制点转换为角控制点

5. 增加、删除锚点

绘制好曲线后，有时会根据需要为曲线增加或删除锚点，增加和删除锚点的方法如下：

（1）使用钢笔工具 绘制好曲线后，将光标移至曲线上，当光标变成 +形状时，在曲线上单击将会增加一个新的锚点，如图 3.2.26 所示。

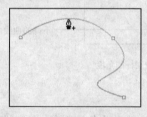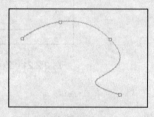

光标的形状　　　　　　　　　　　　　　添加的锚点

图 3.2.26　为曲线增加锚点

（2）删除锚点时，如果该锚点为角控制点，只需在选择钢笔工具 后将光标移至该点上，当光标变成 -形状时单击鼠标，即可将该锚点删除，如图 3.2.27 所示。

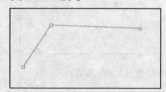

光标的形状　　　　　　　　　　　　　　删除锚点

图 3.2.27　删除锚点

 提示：如果该锚点为曲线控制点，需要先将其转换为角控制点，再将该点删除。

六、钢笔工具的属性设置

使用钢笔工具绘图时，可在该工具属性面板中设置线条的高度、颜色、样式等属性，如图 3.2.28 所示。该工具属性面板中各选项的含义及功能与铅笔工具相同。

图 3.2.28　"钢笔工具"属性面板

七、墨水瓶工具

使用墨水瓶工具 可以改变已绘制图形中线条的颜色、高度和样式等属性。使用墨水瓶工具改变线条属性的操作如下：

（1）选择墨水瓶工具 。

（2）在绘制好的线条上单击，即可改变线条的属性，如图 3.2.29 所示。

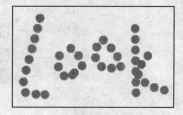

原图形　　　　　　　　　　　　　　　改变后的图形

图 3.2.29　使用墨水瓶工具改变线条属性

提示：使用墨水瓶工具 可以为填充区域添加边线，无论该填充区域有无边线。如果该填充区域没有被选中，则单击该区域的任何部分都可为其添加边线；如果选中该填充区域，则只为选中的区域添加边线。

八、墨水瓶工具的属性设置

使用墨水瓶工具更改线条属性时，可在该工具属性面板中对将要更改线条的颜色、高度和样式进行设置。该工具属性面板如图 3.2.30 所示，其各选项的含义与铅笔工具相同。

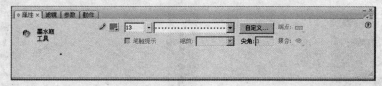

图 3.2.30　"墨水瓶工具"属性面板

九、刷子工具

使用刷子工具 🖌 绘制图形时模拟毛笔的绘画方式，可以绘制没有边线的填充区域。使用该工具绘制图形的具体操作如下：

（1）在工具箱中选择刷子工具 🖌。

（2）在舞台中单击鼠标左键确定线条的起点，并拖动鼠标进行绘制。

（3）在图形终点的位置释放鼠标左键，即可绘制一条线。使用刷子工具绘制的图形如图 3.2.31 所示。

图 3.2.31　使用刷子工具绘制的图形

当用户在工具箱中选择刷子工具 🖌 时，在该工具的选项区中会显示该工具的选项面板，如图 3.2.32 所示。

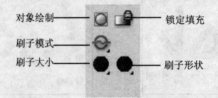

图 3.2.32　刷子工具选项面板

该面板中各选项含义如下：

"对象绘制"按钮 ◯：单击该按钮，即可使用刷子直接绘制对象。

"锁定填充"按钮 🔒：单击该按钮，即可锁定填充。

"刷子模式"按钮 ⊖：单击该按钮，即可弹出"刷子模式"下拉列表，如图 3.2.33 所示。

刷子大小 ●：单击该选项右下角的下拉按钮 ◢，即可弹出"刷子大小"下拉列表，如图 3.2.34 所示。

刷子形状 ●：单击该选项右下角的下拉按钮 ◢，即可弹出"刷子形状"下拉列表，如图 3.2.35 所示。

图 3.2.33　"刷子模式"下拉列表　　　图 3.2.34　"刷子大小"下拉列表　　　图 3.2.35　"刷子形状"下拉列表

使用刷子工具 ✐ 绘图时，其默认的绘画模式为"标准绘画"。使用不同的模式绘制图形，其效果也不同。

（1）"标准绘画"：在该模式下绘图时，新绘制的图形将覆盖同一图层的原有图形，如图 3.2.36 所示。

 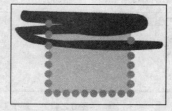

图 3.2.36 在标准绘画模式下绘图

（2）"颜料填充"：在该模式下绘图时，绘制的图形只覆盖空白区域和原图形中的填充区域，而其边线不受影响，如图 3.2.37 所示。

（3）"后面绘画"：在该模式下绘图时，绘制的图形只覆盖空白区域，而不影响原图形的填充区域和边线，如图 3.2.38 所示。

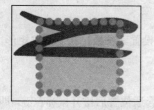 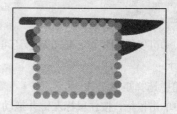

图 3.2.37 在颜料填充模式下绘图 　　图 3.2.38 在后面绘画模式下绘图

（4）"颜料选择"：在该模式下绘图时，首先必须使用选择工具创建一个选择区域再绘图，且绘制的图形只覆盖选择区域中的填充区域，而不影响其他部分的图形，如图 3.2.39 所示。

图 3.2.39 在颜料选择模式下绘图

（5）"内部绘画"：在该模式下绘图时，绘制的图形只覆盖起始笔触所在的填充区域，但不影响其边线，如图 3.2.40 所示。

图 3.2.40 在内部绘画模式下绘图

注意：如果笔触的起始位置在空白区域，则不会影响现有图形中的填充区域。

十、刷子工具的属性设置

使用刷子工具 ✎ 绘制的图形不是线条，而是填充区域，可在其属性面板上选择不同的填充颜色绘制图形，如图 3.2.41 所示。

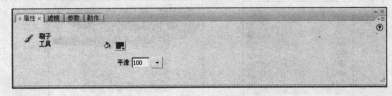

图 3.2.41　"刷子工具"属性面板

"刷子工具"属性面板只包含两个选项，单击 ✎ 右侧的"笔触颜色"按钮 ▇▾，可设置刷子的笔触颜色；在 平滑 右侧的文本框中输入数值可设置笔触的平滑度，其数值越大，绘制的图形边缘越光滑。

十一、矩形工具和基本矩形工具

1．矩形工具

使用矩形工具 ▢ 可以绘制矩形、正方形，还可以设置其参数，绘制圆角矩形。使用该工具绘制图形的操作步骤如下：

（1）在工具箱中选择矩形工具 ▢。

（2）在舞台中单击鼠标，按住鼠标左键并拖动至合适位置后松开鼠标左键，即可绘制一个矩形，如图 3.2.42 所示。

（3）按住"Shift"键的同时拖动鼠标即可绘制一个正方形，如图 3.2.43 所示。

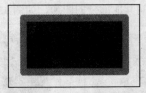

图 3.2.42　绘制的矩形　　　　　图 3.2.43　绘制的正方形

（4）使用矩形工具 ▢ 绘制图形时，单击属性面板中的"矩形边角半径设置"按钮 ⌒，如图 3.2.44 所示，在该对话框中的 ⌒ 文本框中输入数值可绘制圆角矩形，如图 3.2.45 所示。

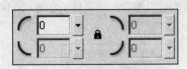

图 3.2.44　"矩形设置"对话框　　　　图 3.2.45　绘制的圆角矩形

2．基本矩形工具

基本矩形工具 ▢ 是 Flash CS3 新增工具之一，主要用于绘制圆角矩形，它的使用方法与矩形工具 ▢ 基本一样。使用该工具绘制图形的操作步骤如下：

（1）在工具箱中选择基本矩形工具 ▢。

（2）选择工具箱中的选择工具 ▸，拖动边角上的节点，改变圆角矩形的弧度，效果如图 3.2.46 所示。

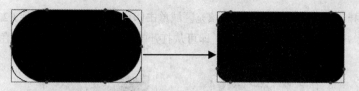

图 3.2.46　拖动节点改变圆角矩形弧度

十二、矩形工具和基本矩形工具的属性设置

1. 矩形工具

使用矩形工具绘制图形时，可在其属性面板中设置矩形的笔触属性和填充属性，该工具属性面板如图 3.2.47 所示。

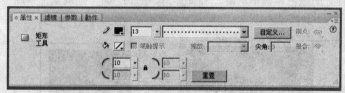

图 3.2.47　"矩形工具"属性面板

该面板与铅笔工具属性面板基本相同，单击"笔触颜色"按钮，即可弹出颜色调板，如图 3.2.48 所示，用户可在该面板中选择一种颜色作为矩形的填充颜色。

如果要修改已绘制图形的线条和填充颜色，可使用选择工具选中该图形后直接在属性面板中设置，也可以分别选中线条和填充区域进行设置，其操作步骤如下：

（1）绘制好矩形后，选择选择工具，将光标移至矩形边框上单击即可选中其中的一条边线，如图 3.2.49 所示。

（2）使用鼠标在矩形边线上双击即可选中全部边线，如图 3.2.50 所示。

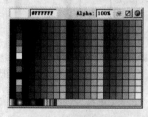 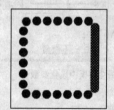 

图 3.2.48　颜色调板　　　　图 3.2.49　选中矩形的一条边线　　　图 3.2.50　选中全部边线

（3）单击属性面板中的"笔触颜色"按钮，从打开的颜色调板中选择一种颜色作为线条的颜色，如图 3.2.51 所示。也可以从属性面板中的笔触样式中选择一种样式以改变原来的笔触，如图 3.2.52 所示。

 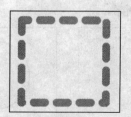

图 3.2.51　改变后的笔触颜色　　　图 3.2.52　改变后的笔触样式

（4）使用选择工具 ，在已绘制矩形的填充区域单击即可选中该区域，如图 3.2.53 所示，在矩形工具属性面板中单击"填充颜色"按钮 ，即可从打开的颜色调板中选择填充颜色填充该区域，如图 3.2.54 所示。

　　　图 3.2.53　选中的填充区域　　　　　图 3.2.54　改变颜色后的填充区域

（5）如果要绘制一个不带边框的矩形，可在使用矩形工具 绘图前单击其属性面板中的"笔触颜色"按钮 ，在打开的颜色调板中单击"无颜色"按钮 ，即可拖动鼠标绘制一个无边框的矩形，如图 3.2.55 所示。

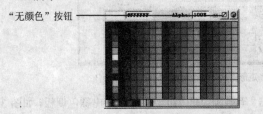

图 3.2.55　绘制的无边框矩形

2．基本矩形工具

使用基本矩形工具绘制图形时，可在其属性面板中设置参数来改变矩形的形状，而矩形工具就无法做到（见图 3.2.56），绘制的效果如图 3.2.57 所示。

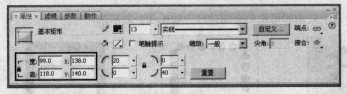

　　　图 3.2.56　属性面板中设置参数　　　　　　图 3.2.57　绘制的图形

十三、椭圆工具和基本椭圆工具

1．椭圆工具

使用椭圆工具 可以绘制椭圆形和正圆形，该工具的使用方法与矩形工具相同。使用椭圆工具 绘制的图形如图 3.2.58 所示。

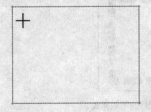
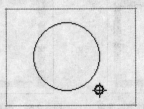
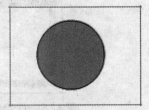

图 3.2.58　使用椭圆工具绘制的图形

2. 基本椭圆工具

基本椭圆工具 是 Flash CS3 新增工具之一，主要用于绘制各种圆缺和扇形。它的使用方法与椭圆工具 基本一样，不同之处是：通过使用选择工具 拖动椭圆外围的节点，可以改变"起始角度"和"结束角度"，如图 3.2.59 所示。

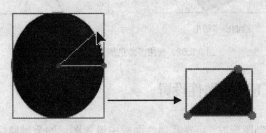

图 3.2.59 拖动节点绘制扇形

十四、椭圆工具和基本椭圆工具的属性设置

1. 椭圆工具

使用椭圆工具绘制图形时，可在其属性面板中设置椭圆的笔触属性和填充属性，该工具属性面板如图 3.2.60 所示，该面板中各选项的含义与矩形工具的相同。

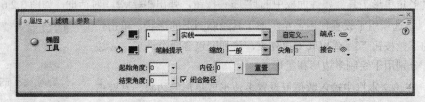

图 3.2.60 "椭圆工具"属性面板

2. 基本椭圆工具

使用基本椭圆工具绘制图形时，可在其属性面板中设置参数来改变椭圆的起始角度、结束角度以及内径。而椭圆工具 就无法做到，如图 3.2.61 所示。

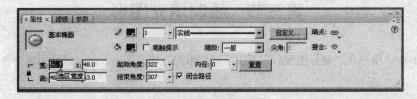

图 3.2.61 "基本椭圆"属性面板

十五、多角星形工具

使用多角星形工具 可以绘制多边形和星形，该工具的使用方法与矩形工具基本相同。使用多角星形工具 绘制的图形如图 3.2.62 所示。

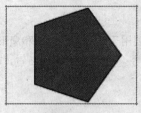

绘制的多边形　　　　　　　　　　绘制的星形

图 3.2.62　使用多角星形工具绘制图形

十六、多角星形工具的属性设置

使用多角星形工具绘制图形时，可在其属性面板中设置图形的笔触属性、填充属性和使用该工具绘制图形的形状。该工具属性面板如图 3.2.63 所示。

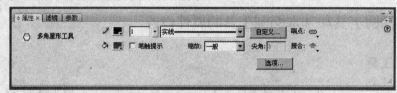

图 3.2.63　"多角星形工具"属性面板

单击"多角星形工具"属性面板中的 选项... 按钮，弹出 **工具设置** 对话框，如图 3.2.64 所示。

样式：该选项用于设置使用多角星形工具绘制图形的形状，单击该选项右侧的下拉按钮 ▼，弹出其下拉列表，该列表包含两个选项：多边形和星形，分别用于绘制多边形和星形。

边数：在该文本框中输入数值可设置多边形或星形的边数，其取值范围为 3～32。

星形顶点大小：在该文本框中输入数值可设置星形顶角的深度，其取值范围为 0～1，该值越小，创建的顶点越深，如果只绘制多边形，应保持该值为 0.5 不变。

图 3.2.64　"工具设置"对话框

第三节　绘制填充图形

在 Flash 中，用户在绘制好图形后，不仅可以使用纯色填充图形，还可以使用渐变色及位图填充图形。

一、绘制渐变色填充图形

在使用渐变色填充图形时，颜色的渐变方式可以分为两种：一种是线性渐变，一种是放射状渐变。用户可以根据需要选择一种渐变填充图形。

1. 使用线性渐变填充图形

使用线性渐变可以为图形添加直线型渐变。使用线性渐变填充图形的具体操作如下：

（1）使用绘图工具绘制如图 3.3.1 所示的图形。

（2）使用选择工具 选择该图形，在菜单栏中选择 窗口(W) → ✓ 颜色(C) Shift+F9 命令，即可打开颜色面板，如图 3.3.2 所示。

图 3.3.1 绘制的图形

图 3.3.2 颜色面板

（3）单击"填充颜色"按钮，选择设置填充颜色的属性，单击 类型: 右侧的下拉按钮，弹出"填充样式"下拉列表，在该列表中选择"线性"选项，如图 3.3.3 所示。

（4）选择颜料桶工具 在图形的填充区域单击，即可为该区域添加线性渐变，如图 3.3.4 所示。

图 3.3.3 "填充样式"下拉列表

图 3.3.4 使用线性渐变填充图形

如果用户对创建的渐变色不满意，还可以通过编辑颜色面板中的渐变条来创建不同的渐变效果，其具体操作如下：

（1）默认情况下，渐变条中有两个色标，分别表示渐变的起始颜色和终止颜色，如图 3.3.5 所示。

渐变起始色色标   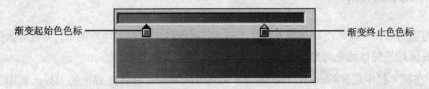   渐变终止色色标

图 3.3.5 渐变条

（2）双击渐变起始色色标，即可弹出拾色器，用户可在拾色器中选择合适的颜色作为渐变的起始颜色，如图 3.3.6 所示。

（3）用户可以在 Alpha: 文本框中输入数值改变该颜色的不透明度，其值越小，颜色越透明。

（4）使用同样的方法也可以改变渐变终止色。

（5）如果要创建比较复杂的渐变色，可以通过向渐变条中增加

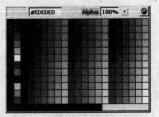

图 3.3.6 拾色器

色标的数量来实现。使用鼠标在渐变条上单击即可添加一个色标，如图 3.3.7 所示。如果要删除多余的色标，单击该色标并将其拖离渐变条即可。

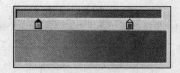

图 3.3.7　在渐变条中添加色标

（6）如果用户要将创建的渐变色保存起来，可单击颜色面板中的"选项"按钮 ，从弹出的选项菜单中选择 添加样本 命令即可。

2. 使用放射状渐变填充图形

使用放射状渐变可以为图形添加球型渐变。使用放射状渐变填充图形的具体操作如下：

（1）使用绘图工具绘制一个如图 3.3.8 所示的图形。

（2）使用选择工具 选择该图形，选择 窗口(W) → ✓颜色(C) 　　　Shift+F9 命令，打开混色器面板，单击"填充颜色"按钮 ，选择设置填充颜色的属性，单击 类型: 右侧的下拉按钮 ，弹出"填充样式"下拉列表，在该列表中选择放射状选项，如图 3.3.9 所示。

（3）选择颜料桶工具 ，在图形的填充区域单击，即可为该区域添加放射状渐变，如图 3.3.10 所示。

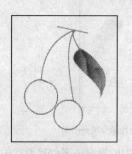　　

图 3.3.8　绘制的图形　　　图 3.3.9　混色器面板　　　图 3.3.10　使用放射状渐变填充图形

二、绘制位图填充图形

绘制好图形后，不仅可以对其填充各种渐变色，还可以使用位图填充图形，并且导入的位图会在图形的填充区域平铺以填充对象。使用位图填充图形的具体操作如下：

（1）在菜单栏中选择 文件(F) → 导入(I) → 导入到库(L)... 命令，在弹出的"导入到库"对话框中选择一幅位图，如图 3.3.11 所示。

（2）单击 打开(O) 按钮，即可将选中的位图导入至库中。

（3）使用绘图工具绘制如图 3.3.12 所示的图形。

（4）使用选择工具 选择该图形，选择 窗口(W) → 混色器(X) 命令打开颜色面板，单击"填充颜色"按钮 ，选择设置填充颜色的属性，单击 类型: 右侧的下拉按钮 ，弹出"填充样式"下拉列表，在该列表中选择位图选项，如图 3.3.13 所示。

（5）选择颜料桶工具 ，在图形的填充区域单击，即可使用位图填充该区域，如图 3.3.14 所示。

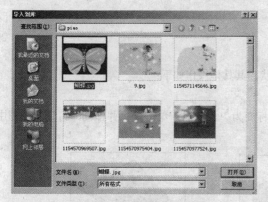

图 3.3.11　"导入到库"对话框

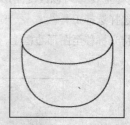

图 3.3.12　绘制的图形

图 3.3.13　颜色面板

图 3.3.14　使用位图填充图形

第四节　辅助绘图工具

在使用绘图工具绘制图形的过程中，使用辅助绘图工具可以加速图形的绘制，并能起到事半功倍的效果。

一、选择工具

使用选择工具 可以方便地选取图形的某个部分，对其进行操作，也可以使用该工具改变图形的形状。

1. 使用选择工具选取图形

使用选择工具 可以选取图形的某个部分或选择整个图形，这取决于所选图形的类型。使用该工具选取图形的具体步骤如下：

（1）当被选取图形是"形状"时，在该图形上单击即可选取部分线条或填充区域，在线条上双击鼠标即可选取全部线条，在填充区域双击鼠标即可选取整个图形。

（2）当被选取图形是组合或实例时，在该图形上单击即可选取整个图形。

提示：使用选择工具 拖出一个矩形框将所要选取的对象包围在内，即可选取矩形框中的所有图形。

2. 使用选择工具改变图形形状

使用选择工具 可以改变图形的形状，其具体操作如下：

（1）选择选择工具 。

（2）将光标移至图形边框上，当光标变为 形状时，单击鼠标并拖动即可调整图形中的曲线形状，如图 3.4.1 所示。

图 3.4.1　调整图形中的曲线形状

（3）当光标处于图形中的拐点位置时，光标将变为 形状，此时单击鼠标并拖动即可调整拐点处图形的形状，如图 3.4.2 所示。

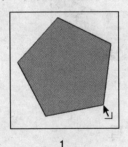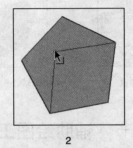

1　　　　　　　　　　2　　　　　　　　　　3

图 3.4.2　调整图形中的拐点

（4）如果绘制的图形为不闭合图形，单击图形的端点并拖动，即可拉长或缩短图形的长度以改变图形的形状，如图 3.4.3 所示。

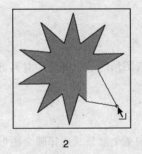

1　　　　　　　　　　2　　　　　　　　　　3

图 3.4.3　调整不闭合图形

3. 使用选择工具平滑和伸直线条

当用户使用选择工具 选取了绘制的图形后，在工具箱中的选项区中会显示该工具的选项，如图 3.4.4 所示。

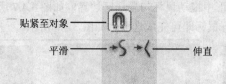

图 3.4.4　选择工具选项区

"平滑"按钮 ⁵⁻：单击该按钮可平滑曲线，减少线条的凹凸。

"伸直"按钮 ⁻⁺：单击该按钮可拉直图形。

在图形中多次单击"平滑"按钮 ⁵⁻ 或"伸直"按钮 ⁻⁺，效果如图 3.4.5 所示。

　　　　原图形　　　　　　多次单击平滑按钮的效果　　　多次单击伸直按钮的效果

图 3.4.5　使用选择工具平滑和伸直图形

二、套索工具

使用套索工具 ✎ 可以创建任意形状以进行范围的选取，当用户选择该工具后，在工具箱中的选项区中会显示该工具的选项，如图 3.4.6 所示。

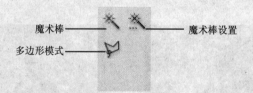

图 3.4.6　套索工具选项区

套索工具 ✎ 选项区中各按钮的功能如下：

"魔术棒"按钮 ✦：单击该按钮，即可选择魔术棒工具，并使用该工具按照颜色进行范围选取。

"魔术棒设置"按钮 ✦：单击该按钮，可在弹出的"魔术棒设置"对话框中对魔术棒的参数进行设置。

"多边形模式"按钮 ⋎：单击该按钮，可将套索工具转换至多边形模式下，即可以使用该工具创建多边形选区，创建好选区后可双击鼠标左键结束选择。

🌷 提示：使用套索工具 ✎ 进行范围选取时，按住"Alt"键可切换至多边形模式。

使用套索工具 ✎ 进行范围选取的具体操作如下：

（1）在工具箱中选择套索工具 ✎。

（2）使用套索工具 在图形中拖动鼠标勾勒选区边界，如图 3.4.7 所示。

（3）当创建好选区后，松开鼠标即可完成选取，如图 3.4.8 所示。

图 3.4.7　使用套索工具勾勒选区边界　　　　　图 3.4.8　使用套索工具创建的选区

使用多边形工具 进行范围选取的具体操作如下：

（1）在工具箱中选择套索工具 后单击"多边形模式"按钮 。

（2）在图形的任意位置单击以创建多边形的起点，如图 3.4.9 所示。

（3）拖动鼠标在图形中的另一位置单击，多次重复该操作，创建完选区后双击鼠标即可，如图 3.4.10 所示。

图 3.4.9　创建选区的起点　　　　　图 3.4.10　使用多边形工具创建选区

使用魔术棒工具 进行范围选取的具体操作如下：

（1）使用选择工具 选择舞台上的位图图像，选择 修改(M) → 分离(K) 命令，将位图图像分离，如图 3.4.11 所示。

原图像　　　　　　　　　　　分离后的图像

图 3.4.11　分离位图图像

（2）在工具箱中选择套索工具 后单击"魔术棒"按钮 ，选择魔术棒工具 。

（3）单击"魔术棒设置"按钮 ，弹出"魔术棒设置"对话框，如图 3.4.12 所示。

（4）在 阈值(T): 文本框中输入数值 10，单击 确定 按钮，将光标移至图像中，发现光标变成 形状，此时单击鼠标即可选取与单击处颜色相同的区域，如图 3.4.13 所示。

注意：使用魔术棒工具 只能选取分离的位图，而不能用于矢量图。

图 3.4.12　"魔术棒设置"对话框

图 3.4.13　使用魔术棒工具创建的选区

三、橡皮擦工具

使用橡皮擦工具![] 可以快速擦除图像中的笔触或填充区域，但该图形只能是"形状"，而不能是组合对象或实例。当用户选择该工具后，在工具箱中的选项区会显示该工具的选项，如图 3.4.14 所示。

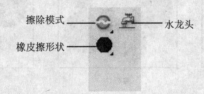

图 3.4.14　橡皮擦工具选项区

橡皮擦工具![] 选项区中各选项的功能如下：

"擦除模式"按钮![] ：单击该按钮，即可弹出"擦除模式"下拉列表，如图 3.4.15 所示，用户可以在该列表中选择相应的擦除模式擦除图像。

橡皮擦形状![] ：单击该选项右下角的下拉按钮![] ，弹出其下拉列表，如图 3.4.16 所示，用户可以在该列表中选择合适的形状擦除图像。

图 3.4.15　"擦除模式"下拉列表　　　　　图 3.4.16　"橡皮擦形状"下拉列表

水龙头工具![] ：选择该工具后，即可单击擦除连续的图形区域。

使用橡皮擦工具![] 擦除图形的具体操作如下：

（1）在工具箱中选择橡皮擦工具![] 。

（2）在图形中单击鼠标并拖动，即可将鼠标拖动过的区域擦除，如图 3.4.17 所示。

默认情况下，用户使用橡皮擦工具![] 擦除图像时，其擦除模式为"标准擦除"。用户可根据擦除对象的不同，选择不同的擦除模式擦除图像。

在图形中拖动鼠标　　　　　　　　　　擦除后的图形

图 3.4.17　使用橡皮擦工具擦除图像

（1）"标准擦除"：擦除同一图层中图形的笔触和颜色填充区域。

（2）"擦除填色"：在该模式下只擦除图形中的填充区域，而不影响笔触，如图 3.4.18 所示。

  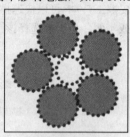

原图像　　　　　　　　　　擦除中　　　　　　　　　　擦除后的图像

图 3.4.18　在"擦除填色"模式下擦除图像

（3）"擦除线条"：在该模式下只擦除图形中的笔触，而不影响填充颜色，如图 3.4.19 所示。

原图像　　　　　　　　　　擦除中　　　　　　　　　　擦除后的图像

图 3.4.19　在"擦除线条"模式下擦除图像

（4）"擦除所选填充"：在该模式下只擦除图形中所选区域的填充色，而不擦除选中的笔触，如图 3.4.20 所示。

原图像　　　　　　　　　　擦除中　　　　　　　　　　擦除后的图像

图 3.4.20　在"擦除所选填充"模式下擦除图像

（5）"内部擦除"：在该模式下只擦除光标起点区域内部的填充颜色，而不影响笔触，如图 3.4.21

所示。

原图像 擦除中 擦除后的图像

图 3.4.21 在"内部擦除"模式下擦除图像

使用水龙头工具可以擦除图像中连续的区域，只需将该工具移至需要擦除的图形上单击鼠标即可，如图 3.4.22 所示。

原图像 擦除中 擦除后的图像

图 3.4.22 使用水龙头工具擦除图像

技巧：在工具箱中双击"橡皮擦工具"按钮，即可删除舞台上的所有对象。

四、缩放工具和手形工具

使用缩放工具可以调整舞台的显示比例以适合图形处理的需要。使用手形工具可以将放大后的图像进行平移，对其局部进行操作。

1. 缩放工具的使用

当用户选择缩放工具后，在工具箱中的选项区会显示该工具的选项，如图 3.4.23 所示。

缩放工具选项区包括两个选项：放大工具和缩小工具，使用放大工具可以放大显示图像，使用缩小工具可以缩小显示图像。

图 3.4.23 缩放工具选项

在图形中使用缩放工具的具体操作如下：

（1）在工具箱中选择缩放工具，并在其选项区中选择放大工具或缩小工具。

（2）使用该工具在图像上单击即可放大或缩小图像。

（3）使用该工具在图像上单击并拖动鼠标即可拖出一个矩形框，此时，该矩形框中的图形将被放大或缩小，如图 3.4.24 所示。

用户除了可以使用缩放工具调整舞台的显示比例之外，还可以单击工作窗口中显示比例控制区右侧的下拉按钮，从弹出的下拉列表中选择合适的选项调整图形的显示比例，如图 3.4.25 所示。

图 3.4.24　放大图像的局部区域

图 3.4.25　缩小图形的显示比例

2．手形工具的使用

当用户将图形放大后，可以使用手形工具 在图像中拖动查看图像中的元素。该工具的使用方法如下：

（1）选择工具箱中的手形工具 。

（2）在图像中单击鼠标左键后按住鼠标不放并拖动即可平移图像，如图 3.4.26 所示。

图 3.4.26　使用手形工具平移图像

技巧：（1）如果用户正在使用其他工具，可以按住空格键，暂时将该工具转换为手形工具使用。

（2）按"Ctrl++"键可放大视图，按"Ctrl＋－"键可缩小视图。

五、滴管工具

使用滴管工具 可以复制图形的笔触和填充样式，然后将它们应用到其他图形上，也可以使用滴管工具 拷贝位图图像，并将其填充到其他图形的填充区域中。

使用滴管工具 复制图形笔触的具体操作如下：

（1）在工具箱中选择滴管工具 。

（2）使用滴管工具 在原图形的笔触上单击，如图 3.4.27 所示。

单击前的光标　　　　　　　　　单击后的光标

图 3.4.27　使用滴管工具单击笔触

此时，属性面板切换至"墨水瓶工具"属性面板，如图 3.4.28 所示。

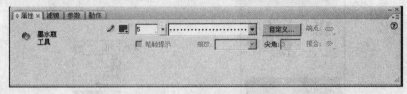

图 3.4.28　"墨水瓶工具"属性面板

（3）将光标移至另一图形的笔触上单击，即可改变该图形的笔触属性，如图 3.4.29 所示。

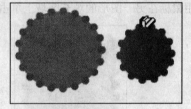

单击前笔触的形状　　　　　　　　单击后笔触的形状

图 3.4.29　使用滴管工具复制笔触

使用滴管工具 复制位图图像的具体操作如下：

（1）在工具箱中选择滴管工具 。

（2）使用滴管工具 在位图图像上单击，如图 3.4.30 所示。

单击前的光标　　　　　　　　　单击后的光标

图 3.4.30　使用滴管工具单击位图图像

此时，属性面板切换至"颜料桶工具"属性面板，如图 3.4.31 所示。

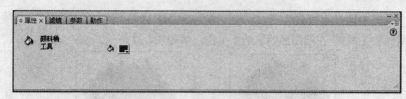

图 3.4.31 "颜料桶工具"属性面板

（3）在菜单栏中选择 窗口(W) → 颜色 命令，即可打开颜色面板，如图 3.4.32 所示。

（4）单击 类型:右侧的下拉按钮 ，即可弹出其下拉列表，如图 3.4.33 所示，从弹出的下拉列表中选择"位图"选项。

图 3.4.32 颜色面板   图 3.4.33 "类型"下拉列表

（5）使用鼠标在另一图形的填充区域上单击，即可改变该图形的填充区域，如图 3.4.34 所示。

图 3.4.34 使用滴管工具复制位图

六、颜料桶工具

使用颜料桶工具 可以对图形进行纯色、渐变色或位图的填充。使用该工具填充图形的具体操作如下：

（1）在工具箱中选择颜料桶工具 。

（2）使用该工具在图形的填充区域中单击，即可填充该区域，如图 3.4.35 所示。

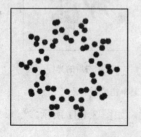

图 3.4.35 使用颜料桶工具填充图形

七、颜料桶工具属性设置

在使用颜料桶工具填充图形时，可在该工具的属性面板中设置填充属性，如图 3.4.31 所示。

该工具属性面板中只包含一个按钮，单击该按钮，即可弹出颜色调板，用户可在该面板中选择一种颜色作为将要填充区域的颜色。

当用户选择颜料桶工具后，工具箱中的选项区会显示该工具的选项，如图 3.4.36 所示。

使用颜料桶工具 不仅可以填充闭合图形区域，也可以填充不闭合图形区域。可在该工具选项区中单击"空隙大小"按钮 ，从弹出的下拉列表中选择合适的选项进行填充，如图 3.4.37 所示。

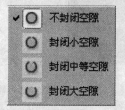

图 3.4.36　颜料桶工具选项　　　　图 3.4.37　"空隙大小"下拉列表

"不封闭空隙"：选择该选项只能填充闭合图形区域。

"封闭小空隙"：选择该选项可以填充空隙较小的图形区域。

"封闭中等空隙"：选择该选项可以填充中等空隙的图形区域。

"封闭大空隙"：选择该选项可以填充空隙较大的图形区域。

注意：当填充内容为渐变色时，首先要使"锁定填充"按钮 处于选中状态。

八、任意变形工具

使用任意变形工具 可以调整图形的大小、形状及旋转角度等，当用户选择该工具在图形上单击时，工具箱中的选项区中就会显示该工具的选项，如图 3.4.38 所示。

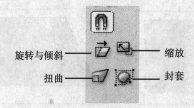

图 3.4.38　任意变形工具选项区

该工具选项区中 4 个控制按钮的作用如下：

（1）"旋转与倾斜"按钮 ：单击该按钮，将光标移至调节框中顶点位置附近，当光标变为 形状时，拖动鼠标即可对选中的图形进行旋转；将光标移至调节框各边中点位置附近，当光标变为 或 形状时，拖动鼠标即可对选中的图形进行垂直方向或水平方向的倾斜，如图 3.4.39 所示。

技巧：在旋转图形的过程中，按住"Shift"键可使图形按照 45° 的整数倍进行旋转。

（2）"缩放"按钮 ：单击该按钮，将光标移至调节框中各顶点或各边中点位置附近，当光标变为 形状时，拖动鼠标即可对选中的图形进行缩放，如图 3.4.40 所示。

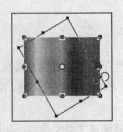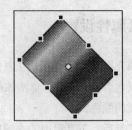

旋转图形

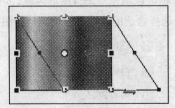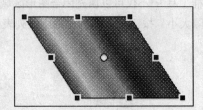

倾斜图形

图 3.4.39　使用任意变形工具旋转、倾斜图形

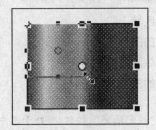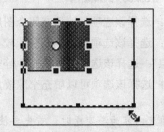

图 3.4.40　使用任意变形工具缩放图形

技巧：在缩放图形的过程中，按住"Shift"键可按比例对图形进行缩放。

（3）"扭曲"按钮：单击该按钮，将光标移至调节框中各顶点或各边中点位置附近，当光标变为形状时，拖动鼠标即可对选中的图形进行扭曲，如图 3.4.41 所示。

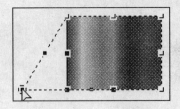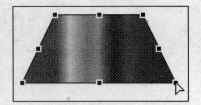

图 3.4.41　使用任意变形工具扭曲图形

技巧：在扭曲图形的过程中，按住"Shift"键可使图形对称扭曲。

（4）"封套"按钮：单击该按钮，可以通过调整封套控制点及切线手柄改变图形的形状，如图 3.4.42 所示。

技巧：将鼠标光标移至封套控制点中的圆形控制点处单击并拖动鼠标，可使图形以"S"形状变形。

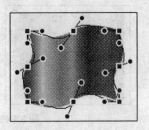

图 3.4.42　使用任意变形工具进行封套变形

九、渐变变形工具

在使用绘图工具绘制图形的过程中，经常需要调整填充区域内的颜色或位图图形，使用渐变变形工具![icon]就可以方便地对其进行调整。

1．调整渐变色

图形的填充区域可以填充的渐变色有两种：线性渐变和放射性渐变，因为其种类不同，所以使用填充变形工具![icon]对它们进行调整的方法也有所不同。

使用填充变形工具![icon]调整线性渐变的具体操作如下：

（1）使用绘图工具绘制一个图形，并将其填充颜色设置为线性渐变，如图 3.4.43 所示。

（2）在工具箱中选择填充变形工具![icon]，在图形的填充区域单击，此时图形上将出现两条平行线，这两条平行线称为渐变控制线，在该控制线上还包括 3 个控制点，如图 3.4.44 所示。

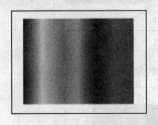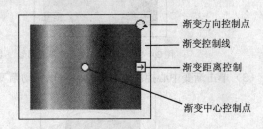

图 3.4.43　使用线性渐变填充图形　　　图 3.4.44　显示控制线和控制点

（3）单击渐变中心控制点并拖动，可以移动渐变中心的位置，如图 3.4.45 所示。

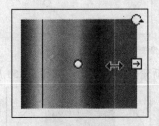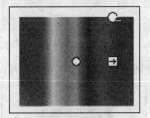

图 3.4.45　移动线性渐变中心的位置

（4）单击渐变距离控制点并拖动，可以调整填充的渐变距离，如图 3.4.46 所示。

（5）单击渐变方向控制点并拖动，可以调整渐变控制线的倾斜方向，如图 3.4.47 所示。

使用填充变形工具![icon]调整线型渐变的具体操作如下：

（1）使用绘图工具绘制一个图形，并将其填充颜色设置为放射性渐变，如图 3.4.48 所示。

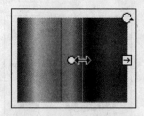

图 3.4.46　调整渐变距离

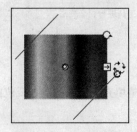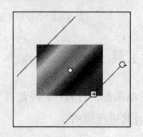

图 3.4.47　调整渐变的倾斜方向

（2）在工具箱中选择填充变形工具，在图形的填充区域单击，此时图形上将出现一个渐变控制圈，该控制圈包括 4 个控制点，如图 3.4.49 所示。

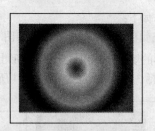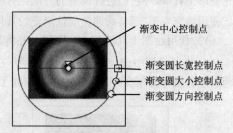

图 3.4.48　使用放射性渐变填充图形　　　图 3.4.49　放射性渐变控制圈和控制点

（3）单击渐变中心控制点并拖动，可以移动渐变中心的位置，如图 3.4.50 所示。

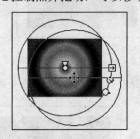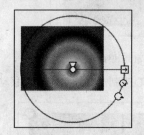

图 3.4.50　移动放射性渐变中心的位置

（4）单击渐变圆长宽控制点并拖动，可以调整渐变圆的长宽比，如图 3.4.51 所示。

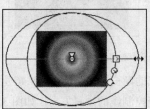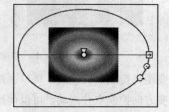

图 3.4.51　调整渐变圆的长宽比

（5）单击渐变圆大小控制点并拖动，可以调整渐变圆的大小，如图 3.4.52 所示。

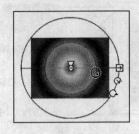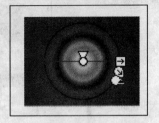

原图　　　　　　　　　　　　　缩小渐变圆的大小

图 3.4.52　调整渐变圆大小

（6）单击渐变圆方向控制点并拖动，可以调整渐变圆的倾斜方向，如图 3.4.53 所示。

原图　　　　　　　　　　　　　倾斜方向

图 3.4.53　调整渐变圆倾斜方向

提示：当渐变区域较大时，使用填充变形工具 ⟷ 调整时其控制点可能会显示不出来，此时，可以选择 视图(V) → 工作区(W) 命令，显示整个工作区中的内容。

2. 调整位图填充效果

用户在绘制图形时，还可以使用位图填充图形，并使用填充变形工具调整填充的位图图像，其具体操作如下：

（1）使用绘图工具绘制一个图形，并使用位图填充该图形，如图 3.4.54 所示。

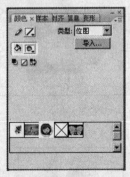

选择位图　　　　　　　　　　　填充图形

图 3.4.54　使用位图填充图形

（2）在工具箱中选择填充变形工具 ⟷ ，在图形的填充区域单击，此时图形上将出现一个矩形控制框，该控制框包括 7 个控制点，如图 3.4.55 所示。

水平方向倾斜控制点　　　　　　　　　　　位图旋转控制点

水平方向大小控制点　　　　　　　　　　　垂直方向倾斜控制点

　　　　　　　　　　　　　　　　　　　　位图中心控制点

位图大小控制点　　　　　　　　　　　　　垂直方向大小控制点

图 3.4.55　位图填充控制框

（3）单击位图中心控制点并拖动，可以调整位图的中心位置，如图 3.4.56 所示。

图 3.4.56　移动位图中心控制点的位置

（4）单击水平方向倾斜控制点或垂直方向倾斜控制点并拖动，可以使位图沿水平方向或垂直方向倾斜，如图 3.4.57 所示。

图 3.4.57　沿水平或垂直方向倾斜位图

（5）单击水平方向大小控制点或垂直方向大小控制点并拖动，可以沿水平方向或垂直方向改变位图大小，如图 3.4.58 所示。

图 3.4.58　沿水平或垂直方向改变位图大小

（6）单击位图旋转控制点可以旋转位图图像，如图 3.4.59 所示。

图 3.4.59　旋转位图

（7）单击位图大小控制点可以按比例缩放位图，如图 3.4.60 所示。

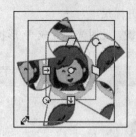

图 3.4.60 按比例缩放位图

十、标尺的使用

为了方便绘图，经常需要配合标尺绘制图形，默认情况下，标尺处于隐藏状态，用户可以在菜单栏中选择 视图(V) → 标尺(R) 命令打开标尺，打开后的标尺位于工作区的顶部和左侧，如图 3.4.61 所示。

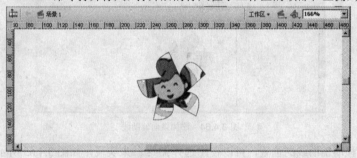

图 3.4.61 显示标尺

如果要隐藏标尺，再次选择 视图(V) → 标尺(R) 命令，即可将打开的标尺隐藏。标尺的默认单位是像素，用户也可以根据具体情况修改标尺的单位，可选择 修改(M) → 文档(D)... 命令，在弹出的"文档属性"对话框中单击 标尺单位(R): 右侧的下拉按钮 ▼，从弹出的下拉列表中选择合适的选项修改标尺的单位，如图 3.4.62 所示。

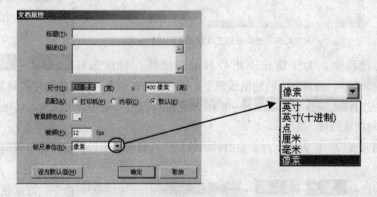

图 3.4.62 "文档属性"对话框

十一、辅助线的使用

在绘制图形的过程中，使用辅助线可以帮助用户更加准确地定位图形的位置、形状等。使用辅助线辅助绘图的具体操作如下：

（1）在菜单栏中选择 视图(V) → 标尺(R) 命令打开标尺。

（2）将鼠标放置在顶部的标尺上，单击鼠标左键，此时光标变成 形状，按住鼠标左键并向下拖动，即可拖出一条横向的辅助线，如图 3.4.63 所示。

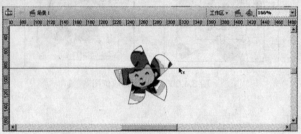

图 3.4.63　添加横向辅助线

（3）使用同样的方法，从左侧的标尺上可以拖出纵向的辅助线，如图 3.4.64 所示。

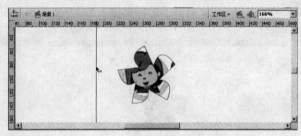

图 3.4.64　添加纵向辅助线

（4）如果要移动辅助线的位置，可以使用选择工具 来实现，如图 3.4.65 所示。

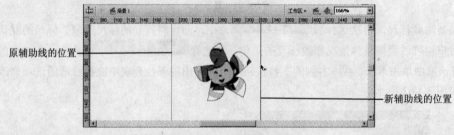

图 3.4.65　使用选择工具移动辅助线的位置

（5）在绘图的过程中，为了防止不小心移动辅助线，可以选择 视图(V) → 辅助线(E) → 锁定辅助线(K) Ctrl+Alt+; 命令，将舞台上的辅助线锁定，再次选择该命令，即可将锁定的辅助线解锁。

（6）在菜单栏中选择 视图(V) → 辅助线(E) → ✔ 显示辅助线(U) Ctrl+; 命令，可以显示辅助线，再次选择该命令，即可将辅助线隐藏。

（7）当图形绘制完成后，可以将不再需要的辅助线删除，只需使用选择工具选中辅助线将其拖回标尺中即可。

（8）在菜单栏中选择 视图(V) → 贴紧(S) → ✔ 贴紧至辅助线(G) Ctrl+Shift+; 命令，可以使用户在移动光标时捕捉到辅助线。

（9）用户可以对辅助线的参数进行设置，方法是在菜单栏中选择 视图(V) → 辅助线(E) → 编辑辅助线... Ctrl+Alt+Shift+G 命令，弹出如图 3.4.66 所示的"辅助线"对话框，在该对话框中可以对辅助线的颜色及对齐精确度进行设置。

图 3.4.66　"辅助线"对话框

（10）在菜单栏中选择 视图(V) → 辅助线(E) → 清除辅助线 命令，即可消除场景中的辅助线。

十二、网格的使用

使用网格，可以更精确地绘制图形。在菜单栏中选择 视图(V) → 网格(D) → 显示网格(D)　Ctrl+' 命令，可以在舞台上显示网格，如图 3.4.67 所示，再次选择该命令，即可隐藏网格。用户还可以对网格的颜色、大小等参数进行修改。选择 视图(V) → 网格(D) → 编辑网格(E)...　Ctrl+Alt+G 命令，弹出"网格"对话框，如图 3.4.68 所示，用户可以在该对话框中对网格的颜色、高度及对齐精确度进行设置。

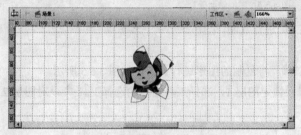

图 3.4.67　在舞台上显示网格

图 3.4.68　"网格"对话框

第五节　实　例　应　用

通过本章的学习，绘制如图 3.5.1 所示的图形。

图 3.5.1　最终效果图

（1）打开 Flash CS3，新建一个大小为 "300 像素×300 像素"、背景色为 "白色" 的文件。

（2）选择工具箱中的椭圆工具 ◯，绘制一个正圆（见图 3.5.2），然后选择工具箱中的选择工具 ▶，将正圆的轮廓进行修改，效果如图 3.5.3 所示。

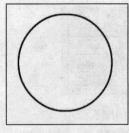
图 3.5.2 绘制正圆

图 3.5.3 修改轮廓

（3）单击时间轴面板下方的"插入图层"按钮新建图层 2，并将该层的名称修改为"头"，如图 3.5.4 所示。

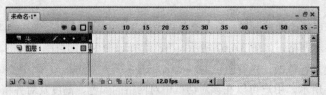
图 3.5.4 时间轴面板

（4）选中图层 1 中的内容，按"Ctrl+C"键进行复制，选择 编辑(E) → 粘贴到当前位置(P)　Ctrl+Shift+V 命令，将其粘贴到图层 2 中。

（5）选择工具箱中的任意变形工具 ，将复制的图形进行调整，如图 3.5.5 所示。

（6）单击图层 1 的锁定图层按钮 ，锁定图层 1，选择工具箱中的选择工具 ，对图层 2 的图形进行调整，效果如图 3.5.6 所示。

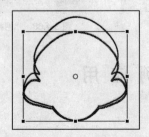
图 3.5.5 使用任意变形工具调整图形

图 3.5.6 使用选择工具调整图形

（7）单击时间轴面板下方的"插入图层"按钮 新建图层 3，并将该层的名称修改为"耳朵"。

（8）选择工具箱中的椭圆工具 ，绘制一个正圆，然后选择工具箱中的选择工具 ，将正圆的轮廓进行修改，并将其复制为两个，分别放在合适的位置，效果如图 3.5.7 所示。

（9）单击时间轴面板下方的"插入图层"按钮 新建图层 4～图层 7，并分别将其名称修改为"眉毛"、"眼睛"、"鼻子"、"嘴"，如图 3.5.8 所示。

图 3.5.7 绘制并调整图形的位置

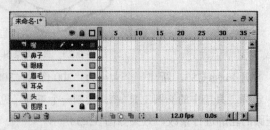
图 3.5.8 新建图层 4～图层 7

（10）选择工具箱中的线条工具 ，绘制眉毛，如图 3.5.9 所示。

（11）选中眼睛图层，选择工具箱中的椭圆工具 ，在场景中绘制眼睛，如图 3.5.10 所示。

图 3.5.9　绘制眉毛

图 3.5.10　绘制眼睛

（12）选中鼻子图层，选择工具箱中的椭圆工具 和线条工具 ，在场景中绘制鼻子，效果如图 3.5.11 所示。

（13）选中嘴图层，选择工具箱中的线条工具 ，在场景中绘制嘴，效果如图 3.5.11 所示。

图 3.5.11　绘制鼻子

图 3.5.12　绘制嘴

（14）选择工具箱中的颜料桶工具 ，设置其填充色为"黑色"，为米老鼠的"头"、"耳朵"、"眼睛"、"鼻子"填充颜色（见图 3.5.13），设置其填充色为"红色"，为米老鼠的"嘴"填充颜色，效果如图 3.5.14 所示。

图 3.5.13　填充"头"、"耳朵"、"眼睛"、"鼻子"的颜色

图 3.5.14　填充"嘴"的颜色

习　题　三

一、填空题

1. 使用_____工具可以绘制多边形和星形。

2. 图形分为_____和位图。

3. _____ 主要用于选择图形中颜色相同或相近的区域。

4. _____ 主要用于更改轮廓线的粗细、颜色和样式。

5. _____ 用于填充封闭图形的内部区域。

6. _____ 用于填充图形轮廓的颜色。

二、选择题

1. 绘制线条的工具包括（　　）。

　　A. 铅笔工具　　　　　B. 直线工具　　　　C. 钢笔工具　　　　D. 全选

2. 在 Flash CS3 中使用（　　）工具可以填充笔触的颜色。

　　A. 刷子工具　　　　　B. 颜料桶工具　　　C. 墨水瓶工具　　　D. 滴管工具

3. 没有参数的工具是（　　）。

　　A. 直线工具　　　　　B. 选择工具　　　　C. 铅笔工具　　　　D. 刷子工具

4. 不属于颜色三要素的是（　　）。

　　A. 色调　　　　　　　B. 饱和度　　　　　C. 亮度　　　　　　D. 透明度

5. 矩形工具用于绘制（　　）。

　　A. 矩形　　　　　　　B. 正方形　　　　　C. 圆角矩形　　　　D. 菱形

6. 在 Flash CS3 中，用户可以使用（　　）填充图形。

　　A. 纯色　　　　　　　B. 线性渐变色　　　C. 放射状渐变色　　D. 位图

三、上机操作题

1. 使用椭圆工具和矩形工具绘制如题图 3.1 所示的图形。

2. 使用绘图工具绘制如题图 3.2 所示的图形。

题图 3.1

题图 3.2

第四章　图形的编辑与图层的应用

在 Flash 中绘制好图形后，可以根据其应用场合的不同修改图形的属性，也可以对绘制的图形进行复制、删除、对齐、叠放等编辑操作。图层的应用使图形的绘制与编辑更加方便。在 Flash 中，还可以将位图图像导入至用户的动画中，使动画的界面更加美观。

本章主要内容：
- ◆　设置图形的属性
- ◆　编辑图形对象
- ◆　对象的排列
- ◆　对象的叠放、群组和分离
- ◆　位图的应用
- ◆　图层的应用

第一节　设置图形的属性

使用绘图工具绘制图形后，用户可以使用工具箱、属性面板、颜色面板等将图形的笔触颜色和填充色重新设置以创建不同的效果。

一、使用工具箱设置笔触颜色和填充色

在 Flash 中，使用绘图工具绘制图形时，默认的笔触颜色为"黑色"，填充颜色为"白色"。如果要修改笔触颜色和填充颜色，可在工具箱中的"颜色"选项区中进行设置。

使用选择工具 选择笔触，单击"笔触颜色"按钮 ，即可从打开的颜色调板中选择一种颜色作为线条的颜色，如图 4.1.1 所示。使用选择工具 选中填充区域，单击"填充颜色"按钮 ，即可从打开的颜色调板中选择一种颜色作为填充色。

用户还可以自行编辑创建颜色，单击颜色调板右上角的"系统颜色"按钮 ，即可打开"颜色"对话框，如图 4.1.2 所示。用户可在该对话框中选择或编辑颜色，单击 确定 按钮，即可将该颜色添加到颜色调板中。

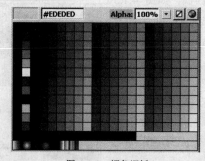

图 4.1.1　颜色调板

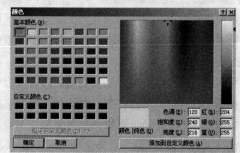

图 4.1.2　"颜色"对话框

二、使用属性面板设置笔触属性和填充色

当用户使用选择工具 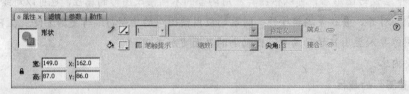 选取绘制的图形后，属性面板中就会显示该图形的笔触和填充色等属性，如图 4.1.3 所示。

图 4.1.3　属性面板

用户可以在属性面板中调节该图形的笔触颜色、高度、样式以及填充颜色。

三、使用颜色面板设置笔触颜色和填充样式

使用颜色面板可以设置笔触的颜色和填充样式，利用它还可以创建渐变色，如图 4.1.4 所示。

1．设置笔触颜色

选择绘制的图形，在颜色面板中单击"笔触颜色"按钮 ，单击 类型 右侧的下拉按钮 ，弹出其下拉列表，该列表包括 5 个选项：无、纯色、线性、放射状和位图，用户可根据需要选择合适的笔触颜色，也可以直接在红、绿、蓝文本框中输入数值设置笔触的颜色，并且某种颜色数值越大，色调越偏向于该种颜色。在 Alpha 文本框中输入数值可设置颜色的不透明度，其值越小，颜色越透明。

图 4.1.4　颜色面板

2．设置填充颜色

选择绘制的图形，在颜色面板中单击"填充颜色"按钮 ，然后依照上面所讲的方法即可给图形的填充区域填充颜色。

四、使用颜色样本设置颜色样本库

在 Flash 中，为了便于管理颜色，每一个 Flash 文件都有自己的颜色样本库，在菜单栏中选择 窗口(W) → 样本(W)　　　Ctrl+F9 命令，即可打开样本面板，如图 4.1.5 所示。样本面板分为上、下两个部分，上半部分是纯色样表，下半部分是渐变色样表。其中，默认的纯色样表包含 216 种颜色，这 216 种颜色称为 "Web 安全色"。

用户可以将自己创建的颜色添加到颜色样本面板中，只需将光标移到面板底部的空白区域，当光标变成油漆桶时单击鼠标，即可将调好的颜色添加到颜色样本中。还可以将该颜色复制或删除，单击颜色样本面板右上角的"选项"按钮 ，从弹出的下拉菜单中选择 直接复制样本 或 删除样本 命令，即可进行复制或删除操作。

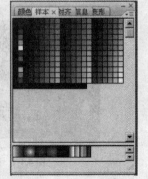

图 4.1.5　样本面板

第二节　编辑图形对象

创建图形后，经常需要进行复制、粘贴和删除等操作，还可以根据其用途不同，对图形对象进行旋转、缩放、翻转、将线条转换为填充区、扩展填充区域和柔化填充区域等操作。

一、选取对象

在 Flash CS3 中，在对对象进行编辑时，必须先将对象选中，才能对其进行编辑操作，可以使用以下两种方法选取对象：

（1）使用选择工具 选取对象。使用选择工具可以选取舞台中的单个、多个或图形中的部分对象。

（2）使用套索工具 选取对象。使用套索工具可以在舞台中创建不规则选区来选取对象。

二、复制、粘贴和删除对象

复制、粘贴和删除对象是最基本也是最常用的操作，可以针对不同的图形使用不同的方法进行操作。

1. 复制、粘贴对象

复制和粘贴图形对象的方法包括以下几种：

（1）使用选择工具 选中图形，按"Ctrl+C"键复制对象，按"Ctrl+V"键粘贴对象。

（2）按住"Alt"键，用鼠标将选中的图形对象拖动到舞台的另一位置，即可复制出一个新的图形对象。

（3）在菜单栏中选择 编辑(E) → 直接复制(D) Ctrl+D 命令，即可直接将选中的图形对象复制粘贴。

（4）在菜单栏中选择 编辑(E) → 粘贴到中心位置(A) Ctrl+V 命令，即可将复制的图形对象粘贴到舞台的中心。

（5）在菜单栏中选择 编辑(E) → 粘贴到当前位置(P) Ctrl+Shift+V 命令，即可将复制的图形对象粘贴到原位置。

（6）在菜单栏中选择 编辑(E) → 选择性粘贴(S)... 命令，弹出如图 4.2.1 所示的"选择性粘贴"对话框，单击 确定 按钮即可将图形对象粘贴到舞台中。

图 4.2.1　"选择性粘贴"对话框

2. 删除对象

如果要删除选中的图形，可使用以下 3 种方法实现：

（1）按"Delete"键。

（2）在菜单栏中选择 编辑(E) → 剪切(T) Ctrl+X 命令。

（3）在菜单栏中选择 编辑(E) → 清除(A) Backspace 命令。

三、旋转、缩放和翻转对象

用户不仅可以使用任意变形工具将对象进行旋转、缩放、倾斜和翻转，还可以使用菜单命令来执行上述操作。

1. 缩放和旋转对象

（1）在菜单栏中选择 修改(M) → 变形(T) ▶ → 缩放和旋转(C)... Ctrl+Alt+S 命令，弹出"缩放和旋转"对话框，如图 4.2.2 所示。

在 缩放(S) 文本框中输入数值，可设置对象的缩放比例；在 旋转(R) 文本框中输入数值，可设置对象的旋转角度，设置好参数后，单击 确定 按钮，即可缩放并旋转对象，如图 4.2.3 所示。

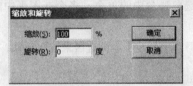

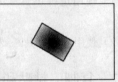

　　　图 4.2.2 "缩放和旋转"对话框　　　　　　　图 4.2.3 缩放并旋转对象

（2）在菜单栏中选择 修改(M) → 变形(T) ▶ → 缩放(S) 命令，即可在对象周围添加变形框，如图 4.2.4 所示。将光标移到变形框四个顶点中的任意一个之上，光标会变成 ↗ 形状，此时拖动鼠标，即可缩放对象，如图 4.2.5 所示。

（3）在菜单栏中选择 修改(M) → 变形(T) ▶ → 旋转与倾斜(R) 命令，可在选取的对象周围添加变形框。将光标移到变形框四个顶点中的任意一个之上，光标会变成 ↻ 形状，此时拖动鼠标，即可旋转对象，如图 4.2.6 所示。

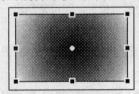
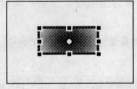

　　图 4.2.4 添加变形框　　　　　图 4.2.5 缩放对象　　　　　图 4.2.6 旋转对象

（4）选择 修改(M) → 变形(T) ▶ → 顺时针旋转 90 度(0) Ctrl+Shift+9 或 逆时针旋转 90 度 Ctrl+Shift+7 命令，可以将选中的对象顺时针或逆时针旋转 90°。

2. 倾斜对象

在菜单栏中选择 修改(M) → 变形(T) ▶ → 旋转与倾斜(R) 命令，可在选取的对象周围添加变形框。将光标移到变形框中间四个变形点中的任意一个之上，光标会变成 ╓ 或 ⇔ 形状，此时拖动鼠标即可对图形进行垂直方向或水平方向的倾斜，如图 4.2.7 所示。

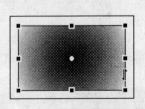
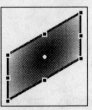

图 4.2.7 倾斜对象

3. 翻转对象

在菜单栏中选择 修改(M) → 变形(T) ▶ → 垂直翻转(V) 或 水平翻转(H) 命令，可以将选中的对象垂直翻转或水平翻转，如图 4.2.8 所示。

原图

垂直翻转

水平翻转

图 4.2.8　垂直翻转和水平翻转对象

四、将线条转换为填充区

在 Flash 中，可将绘制的线条转换为填充区域，然后可对其进行其他操作，其具体操作如下：

（1）使用选择工具 选中笔触。

（2）在菜单栏中选择 修改(M) → 形状(P) ▶ 将线条转换为填充(C) 命令，将线条转换为填充区域。

（3）在工具箱中选择颜料桶工具 ，选择合适的填充颜色，在转换后的填充区域上单击，即可改变其内容，如图 4.2.9 所示。

图 4.2.9　将线条转换为填充区域

选中该图形时，其属性面板中笔触颜色变为无颜色，而填充区域的颜色变成了转换后填充的颜色，如图 4.2.10 所示。

转换前的属性面板

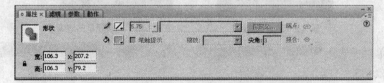

转换后的属性面板

图 4.2.10　属性面板状态

五、扩展填充区域

使用选择工具 选取图形后，选择 修改(M)→ 形状(P)　　　　　　　　　▶→ 扩展填充(E)... 命令，可在弹出的"扩展填充"对话框中设置参数，扩展图形的填充区域，如图 4.2.11 所示。

该对话框各选项含义如下：

（1）距离(D)：在该文本框中输入数值可设置扩展或缩小的距离。

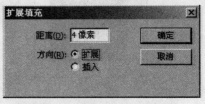

（2）方向(R)：该选项区用于设置扩展类型，选中 ⊙扩展 单选按钮可以扩展填充区域；选中 ⊙插入 单选按钮可以缩小填充区域。

图 4.2.11　"扩展填充"对话框

（3）设置好参数后，单击 确定 按钮即可扩展或缩小填充区域，如图 4.2.12 所示。

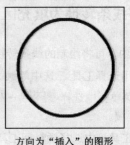

原图形　　　　　　　方向为"扩展"的图形　　　　　　方向为"插入"的图形

图 4.2.12　扩展填充区域

注意：使用扩展填充区域命令扩展填充区域时，必须先将线条转换为填充区域。

六、柔化填充边缘

用户可以将绘制好的图形的边缘进行柔化，以创建模糊效果，其具体操作如下：

（1）使用绘图工具绘制如图 4.2.13 所示的星星。

（2）使用选择工具 选取星星的边缘，如图 4.2.14 所示。

图 4.2.13　绘制星星　　　　　图 4.2.14　选取星星的边缘

（3）在菜单栏中选择 修改(M)→ 形状(P)　　　　　　　　▶→ 将线条转换为填充(C) 命令，将线条转换为填充区域。

（4）在菜单栏中选择 修改(M)→ 形状(P)　　　　　　　　▶→ 柔化填充边缘(F)... 命令，弹出"柔化填充边缘"对话框，如图 4.2.15 所示。

该对话框中各选项的含义如下：

距离(D)： 该选项用于设置柔化边界的宽度。

步骤数(N)： 该选项用于设置柔化边界的曲线数量。

方向(R)： 该选项区用于设置柔化边界时的方向，选中

⊙扩展 单选按钮可以扩展填充区域；选中 ⊙插入 单选按钮

可以缩小填充区域。

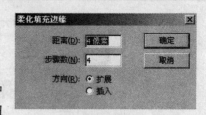

图 4.2.15 "柔化填充边缘"对话框

（5）设置好参数后，单击 确定 按钮即可柔化填充边缘，如图 4.2.16 所示。

方向为"扩展"的图形

方向为"插入"的图形

图 4.2.16 柔化填充边缘

第三节　对象的排列

当舞台上有多个图形对象时，可以使用对齐面板将它们进行排列，使之按照一定的方式对齐，以便进行其他操作。

一、对齐对象

在菜单栏中选择 窗口(W) → 对齐(G)　　　　Ctrl+K 命令，即可打开对齐面板，如图 4.3.1 所示。

对齐面板分为 4 个区域，分别为"对齐"、"分布"、"匹配大小"和"间隔"。对齐区域中各按钮的功能如下：

"左对齐"按钮 ：单击该按钮可使选中的图形以所选对象中最左侧的对象为基准对齐。

"水平中齐"按钮 ：单击该按钮可使选中的图形以所选对象集合的垂直中心线为基准对齐。

"右对齐"按钮 ：单击该按钮可使选中的图形以所选对象中最右侧的对象为基准对齐。

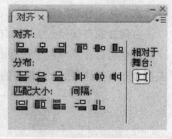

图 4.3.1 对齐面板

"上对齐"按钮 ：单击该按钮可使选中的图形以所选对象中最上方的对象为基准对齐。

"垂直中齐"按钮 ：单击该按钮可使选中的图形以所选对象集合的水平中心线为基准对齐。

"底对齐"按钮 ：单击该按钮可使选中的图形以所选对象中最下方的对象为基准对齐。

用户也可以在菜单栏中选择 修改(M) → 对齐(G)　　　　Ctrl+K 命令对齐对象。使用对齐面板中部分按钮对齐对象的效果如图 4.3.2 所示。

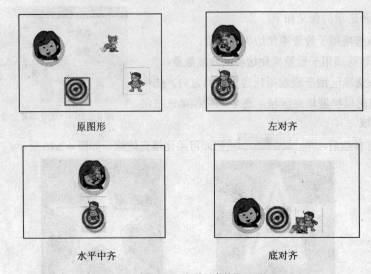

图 4.3.2　各种对齐效果

提示：使用对齐面板对齐图形时，单击"相对于舞台居中"按钮 ⬚ 可使所有的图形都以舞台的中心为基准对齐。

二、分布对象

分布是指图形在空间的排列状态，用户可以使用对齐面板中"分布"区域中的分布按钮设置图形的分布方式，各按钮的功能如下：

"顶部分布"按钮 ᗕ：单击该按钮可使选中的图形以顶部为基准等间距分布。

"垂直居中分布"按钮 ᗜ：单击该按钮可使选中的图形以垂直中心线为基准等间距分布。

"底部分布"按钮 ᗝ：单击该按钮可使选中的图形以底部为基准等间距分布。

"左侧分布"按钮 ᕫ：单击该按钮可使选中的图形以左侧为基准等间距分布。

"水平居中分布"按钮 ᕮ：单击该按钮可使选中的图形以水平中心线为基准等间距分布。

"右侧分布"按钮 ᕭ：单击该按钮可使选中的图形以右侧为基准等间距分布。

用户也可以在菜单栏中选择 修改(M) → 对齐(G)　　Ctrl+K 命令对齐对象。使用对齐面板中的"左侧分布"按钮 ᕫ 分布对象的效果如图 4.3.3 所示。

原图形

左侧分布

图 4.3.3　左侧分布效果

三、匹配对象的大小

匹配对象大小是指在对齐选中的多个对象时，可以调整各个对象的大小，使其按照最高或最宽的对象为基准，调整其他对象的大小。

对齐面板中"匹配大小"区域中包括 3 个按钮，各按钮的功能如下：

"匹配宽度"按钮 ▣：单击该按钮可使选中的图形对象以其中最宽的对象为基准调整其他图形的宽度。

"匹配高度"按钮 ▥：单击该按钮可使选中的图形对象以其中最高的对象为基准调整其他图形的高度。

"匹配宽和高"按钮 ▣：单击该按钮可使选中的图形对象以其中最宽的对象和最高的对象为基准调整其他图形的宽度和高度。

使用对齐面板中匹配大小区域中的各个按钮调整图形，效果如图 4.3.4 所示。

原图形   匹配宽度   匹配高度

图 4.3.4 匹配对象宽度和高度效果

四、调整对象的间距

用户可以使用对齐面板中间隔区域中的两个按钮，调整选中的图形对象之间的距离。单击"垂直平均间隔"按钮 ▤，可使图形之间的垂直间隔相等；单击"水平平均间隔"按钮 ▥，可使图形之间的水平间隔相等，使用它们调整对象的间距，效果如图 4.3.5 所示。

原图形   水平间隔相等

图 4.3.5 水平平均间距效果

第四节 对象的叠放、群组和分离

在 Flash 中绘制好图形后，可以将一些相关的图形组合成一个整体使用，还可以调整各图形的叠放顺序，以便对其进行相应的操作。

一、叠放对象

使用绘图工具绘制图形时，如果绘制的图形在同一个图层上，Flash 会根据对象创建的先后顺序叠放对象，并且最先创建的对象放置在最底层，最后创建的对象放置在顶层。

如果要调整图形的叠放顺序，选择 修改(M) → 排列(A) ▶ 命令，弹出"排列"子菜单，如图 4.4.1 所示。

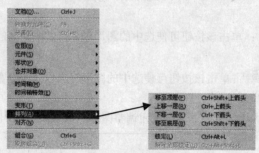

图 4.4.1　"排列"子菜单

"排列"子菜单中各命令的含义如下：

移至顶层(F)：选择该命令可使选中的图形移至最顶层。

上移一层(R)：选择该命令可使选中的图形上移一层。

下移一层(I)：选择该命令可使选中的图形下移一层。

移至底层(B)：选择该命令可使选中的图形移至最底层。

使用"排列"子菜单中的命令调整图形的叠放顺序，效果如图 4.4.2 所示。

图 4.4.2　改变对象的叠放顺序

注意：在改变对象的叠放顺序时，该对象应为组合图形或位图。

二、群组对象

当舞台上有多个图形对象时，为了防止其相对位置发生变化，可以将它们组合以后再使用。如果要群组对象，可使用选择工具 将需要群组的对象选中，然后选择 修改(M) → 组合(G) Ctrl+G 命令，即可将选中的对象群组起来，此时，该组合对象被看做一个整体，可对其进行移动、缩放和旋转等操作，如图 4.4.3 所示。

如果要将组合后的图形解组，可在菜单栏中选择 修改(M) → 取消组合(U) Ctrl+Shift+G 命令分解图形对象。用户还可以编辑调整组合图形中的子对象，其具体操作方法如下：

（1）使用选择工具 选中组合后的图形。

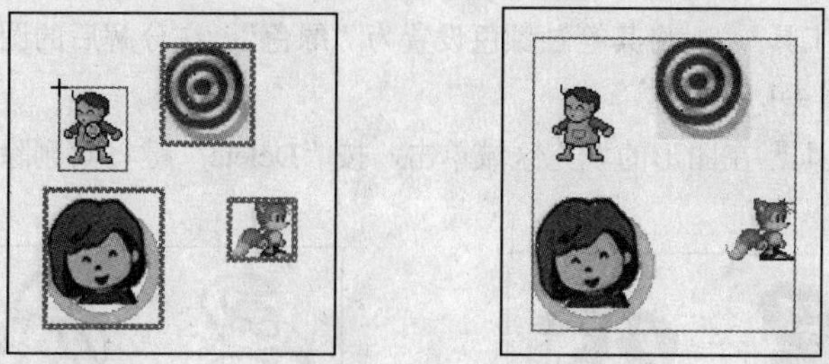

组合前　　　　组合后

图 4.4.3　群组图形对象

（2）使用鼠标双击组合图形，进入组编辑状态，如图 4.4.4 所示。

（3）调整组合图形中的子对象，如图 4.4.5 所示。

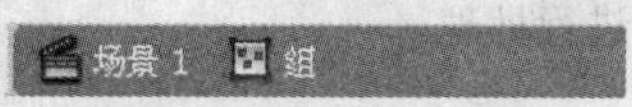

图 4.4.4　进入组编辑状态

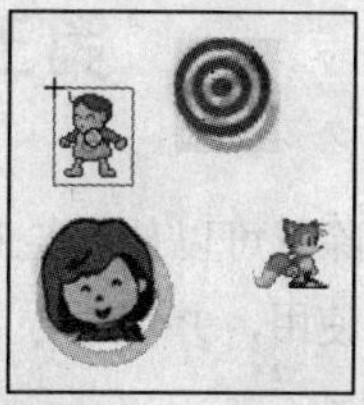

图 4.4.5　编辑组合图形

（4）单击按钮即可返回到文档编辑状态，此时的组合对象已变成编辑后的对象，并再次成为一个整体。

技巧：按“Ctrl+G”键可以快速组合图形，按“Ctrl+Shift+G”键可快速解组对象。

三、分离对象

用户可以将图形或文本对象分离，创建特殊效果，其具体操作如下：

（1）使用选择工具选中要分离的图形对象，如图 4.4.6 所示。

（2）在菜单栏中选择 修改(M) → 分离(K) Ctrl+B 命令，即可将其分离为独立的文字，如图 4.4.7 所示。

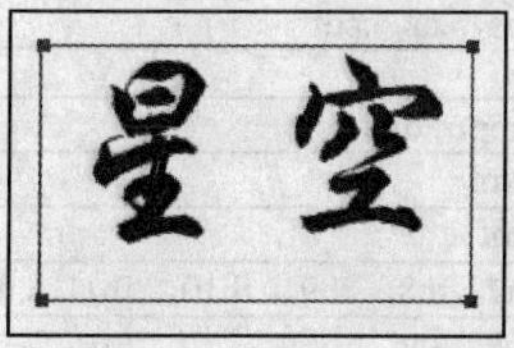

图 4.4.6　选中图形

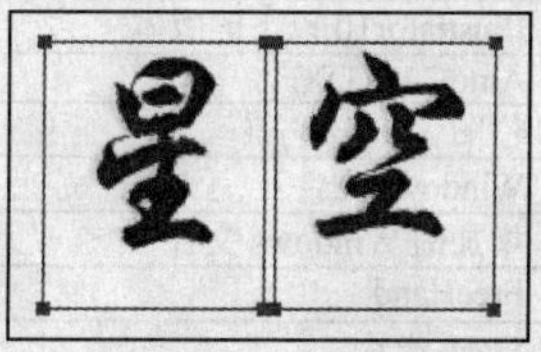

图 4.4.7　分离图形

（3）再次选择 修改(M) → 分离(K) Ctrl+B 命令，即可将文字分离为形状图形，如图 4.4.8 所示。此时该图形的属性面板上将显示该图形为形状，如图 4.4.9 所示。

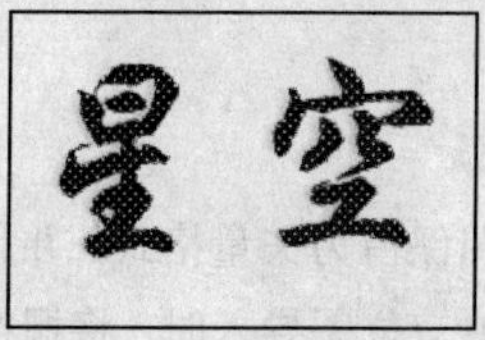

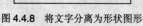

图 4.4.8　将文字分离为形状图形

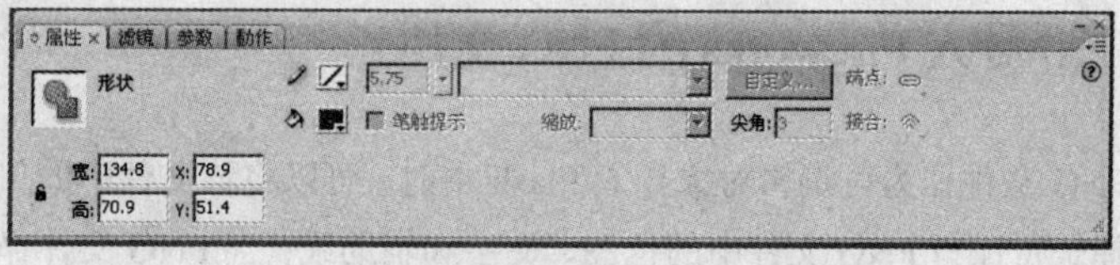

图 4.4.9　属性面板

（4）选择墨水瓶工具 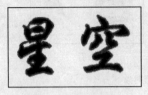，将其笔触颜色设置为"绿色"，在分解后的图形上单击，即可为该图形添加描边效果，如图 4.4.10 所示。

（5）使用选择工具 在图形的填充区域单击，按"Delete"键将其删除，即可创建空心文字，效果如图 4.4.11 所示。

图 4.4.10　描边效果　　　　　　　　　　图 4.4.11　空心文字

第五节　位图的应用

在 Flash 中，用户除了可以使用绘制工具绘制图形外，还可以将使用其他软件创建的矢量图和位图图像导入到 Flash 中使用，并可对导入的位图进行处理。

一、可以导入到 Flash 中的图形格式

Flash CS3 支持多种格式的矢量图和位图，主要包括以下几种：

（1）在当前图层导入位图时，位图图像被视为一个单独的对象，Flash 将保留其透明度设置。

（2）直接导入到 Flash 中的任意图像序列将被导入到当前图层中连续的关键帧上。

（3）导入 Illustrator，CorelDRAW 及 WMF 格式的矢量图，这些矢量图文件都可以作为当前层中的一个组导入。

（4）导入 FreeHand 格式的矢量图时，可以将 FreeHand 文档的页、层直接保留。

（5）导入 Fireworks 的 PNG 图像时，将文件作为能在 Flash 中编辑的对象进行导入。

可以导入 Flash CS3 中的文件格式如表 4.1 所示。

表 4.1　可以导入 Flash CS3 的文件格式

文件格式	扩展名
Illustrator10 以下的版本	.eps，.ai，.pdf
AutoCAD DXF	.dxf
位图	.bmp，.dib
Windows 文件	.wmf
增加的 Windows 文件	.emf
FreeHand	.fh7，fh8，.fh9，.fh10，.fh11，.ft
Flash 影片	.spl，.swf
GIF 与 GIF 动画	.gif
JPEG	.jpg
PNG	.png
Flash Player	.swf，.spl

二、导入 Fireworks 的 PNG 文件

PNG 文件作为可编辑对象导入 Flash 中时，可以将该文件中的矢量图保留为矢量格式，并且还可以选择是否保留 PNG 文件中的位图、文字和辅助线；当 PNG 文件作为单一位图导入时，将栅格化文

件或将其转换为位图图像。

在 Flash 中导入 PNG 文件的具体操作如下：

（1）选择 文件(F)→ 导入(I) ▶ → 导入到舞台(I)... Ctrl+R 命令，弹出 "导入"对话框，在该对话框中选择合适的 PNG 文件后，单击 打开(O) 按钮，弹出"Fireworks PNG 导入设置"对话框，如图 4.5.1 所示。

该对话框中各选项的含义如下：

⦿ 导入为电影剪辑，并保留原有层：选中该单选按钮，可以将 PNG 文件导入为电影剪辑，并保留其所有的图层。

⦿ 导入到当前场景的新层：选中该单选按钮，可以将 PNG 文件导入到当前场景中的新图层中。

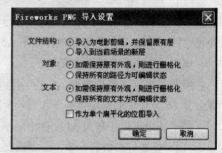

⦿ 如需保持原有外观，则进行栅格化：选中该单选按钮，将栅格化 PNG 文件中的图形对象。

⦿ 保持所有的路径为可编辑状态：选中该单选按钮，将使 PNG 文件中的图形对象以可编辑对象导入。

图 4.5.1 "Fireworks PNG 导入设置"对话框

⦿ 如需保持原有外观，则进行栅格化：选中该单选按钮，将栅格化 PNG 文件中的文本。

⦿ 保持所有的文本为可编辑状态：选中该单选按钮，将文本以可编辑对象导入。

☑ 作为单个扁平化的位图导入：选中该复选框，将 PNG 文件以单一位图导入。

（2）设置好参数后，单击 确定 按钮即可将选中的 PNG 文件导入 Flash 文档中。

三、导入 FreeHand 文件

在 Flash 中可直接导入 FreeHand 文件，如果导入的文件为 CMYK 模式，Flash 会将其自动转换为 RGB 模式。

导入 FreeHand 文件的具体操作如下：

（1）选择 文件(F)→ 导入(I) ▶ → 导入到舞台(I)... Ctrl+R 命令，弹出"导入"对话框，在该对话框中选择合适的 FreeHand 文件后，单击 打开(O) 按钮，弹出"FreeHand 导入"对话框，如图 4.5.2 所示。

该对话框分为 3 部分，分别为映射、页面和选项，其含义如下：

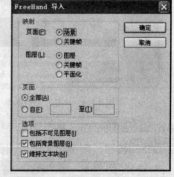

映射 选项区中的 页面(P) 选项用于设置将 FreeHand 中的页面导入为场景或关键帧。

映射 选项区中的 图层(L) 选项用于设置将 FreeHand 中的图层导入为图层或关键帧，或合并 FreeHand 中的图层将其导入到一个图层中。

图 4.5.2 "FreeHand 导入"对话框

页面 选项区用于设置可导入的 FreeHand 文件的页面范围。

选项 选项区用于设置是否导入 FreeHand 中的不可见图层、背景图层以及是否将文本以可编辑对象导入。

（2）设置好参数后，单击 确定 按钮即可将选中的 FreeHand 文件导入到 Flash 文档中。

四、导入 AI 文件

在 Flash 中可以导入 Adobe Illustrator AI 文件，但必须取消对象的组合，并且在导入后可以对其进行编辑处理。

导入 AI 文件的具体操作如下：

（1）选择 文件(F) → 导入(I) ▶ → 导入到舞台(I)... Ctrl+R 命令，弹出"导入"对话框，在该对话框中选择合适的 AI 文件后，单击 打开(0) 按钮，弹出"Illustrator 导入"对话框，如图 4.5.3 所示。

该对话框中各选项的含义如下：

转换 选项区用于设置将 AI 文件中的图层导入为图层或关键帧，或合并 AI 文件中的图层将其导入到一个图层中。

选项 选项区用于导入 AI 文件中的不可见图层。

图 4.5.3　"Illustrator 导入"对话框

（2）设置好参数后，单击 确定 按钮即可将选中的 AI 文件导入到 Flash 文档中。

五、导入位图图像

在 Flash 中可以导入位图图像，其具体操作如下：

（1）选择 文件(F) → 导入(I) ▶ → 导入到舞台(I)... Ctrl+R 命令，弹出"导入"对话框，如图 4.5.4 所示。

如果导入的图像文件名以数字结尾，并且此文件后面的文件是按顺序排列的，则会弹出如图 4.5.5 所示的提示框，提示用户是否导入图像序列。

图 4.5.4　"导入"对话框

图 4.5.5　提示框

单击 是(Y) 按钮，将会导入序列中的所有图像；单击 否(N) 按钮，只导入选中的图像文件；单击 取消 按钮，则不导入任何图像。

（2）选择 文件(F) → 导入(I) ▶ → 导入到库(L)... 命令，弹出"导入到库"对话框，如图 4.5.6 所示。在该对话框中选择合适的图形，单击 打开(0) 按钮，即可将该文件直接导入至库面板中，如图 4.5.7 所示。

提示：除了使用上述方法导入位图外，还可以直接将其他软件中的位图粘贴到当前文档中，只需先复制该位图图像，然后选择 编辑(E) → 粘贴到中心位置 命令即可。

图 4.5.6　"导入到库"对话框　　　　　　图 4.5.7　库面板

六、分离位图图像

在 Flash 中导入位图图像后，它是作为一个整体而存在的，要对其进行添加轮廓颜色等操作，首先必须将其分离为形状。分离位图图像的具体操作如下：

（1）使用选择工具选中要分离的位图图像。

（2）在菜单栏中选择 修改(M) → 分离(K)　　　　Ctrl+B 命令，即可将位图图像分离，如图 4.5.8 所示。

分离前　　　　　　　　　　　　　分离后

图 4.5.8　分离位图图像

（3）使用橡皮擦工具分别擦除分离前后图像的边缘，效果如图 4.5.9 所示。

分离前　　　　　　　　　　　　　分离后

图 4.5.9　使用橡皮擦擦除图像边缘的效果

七、设置位图的属性

用户可以设置导入至 Flash 中位图的压缩、消除锯齿等属性，使其符合用户的需要。设置位图属性的具体操作如下：

（1）在菜单栏中选择 窗口(W) → 库(L)　　　　Ctrl+L 命令，打开库面板。

（2）在库中选择一幅位图图像，单击库面板下方的"属性"按钮 🔘，弹出"位图属性"对话框，如图 4.5.10 所示。

图 4.5.10　"位图属性"对话框

该对话框中各项的含义如下：

信息栏位于该对话框的最上方，显示图形名称、路径、创建日期及位图图像的尺寸。

左上角为图形预览区域，当用户将光标放置在预览区中时，光标将变为手形，此时可拖动鼠标预览图形。

选中 ☑允许平滑(S) 复选框可消除位图图像中的锯齿。

压缩(C)： 该选项用于设置位图的压缩方式，单击该选项右侧的下拉按钮 ▼，弹出其下拉列表，该列表包含两个选项：照片（JPEG）和无损（PNG/GIF）。它们分别用于压缩颜色丰富的图像和颜色较少的图像，选择"无损"选项可保留图像中的各种数据，用户可根据实际需要选择相应的压缩方式。

单击 更新(U) 按钮，允许在发生突发事件时重新导入位图图像。

单击 导入(I)... 按钮，即可弹出"导入位图"对话框，导入新的位图图像。

单击 测试(T) 按钮，即可显示压缩文件后的效果，可以比较压缩前和压缩后文件的大小。

（3）设置好参数后，单击 确定 按钮即可。

八、将位图转换为矢量图

用户可以将导入的位图图像转换为矢量图，从而减小文件大小，其具体操作如下：

（1）选择要转换的位图图像。

（2）在菜单栏中选择 修改(M) → 位图(B)　　　　▶ → 转换位图为矢量图(B)... 命令，弹出"转换位图为矢量图"对话框，如图 4.5.11 所示。

该对话框中各选项的含义如下：

颜色阈值(T)： 在该文本框中输入数值可设置区分颜色的阈值，其取值范围为 1～500。在比较两个像素时，如果两者的颜色差小于阈值，这两个像素就会被转换为同一种颜色。因此，阈值越小，颜色转换越多，越接近原图像；阈值越高，显示出的颜色越少，与原图像的差别就越大。

图 4.5.11　"转换位图为矢量图"对话框

最小区域(M)： 在该文本框中输入数值可设置转换时最小区域的像素数，该值越小，转化后的图像越接近原图。

曲线拟合(C)： 该选项用于设置转换时轮廓线的平滑度。

：该选项用于设置如何处理对比强烈的边界。

（3）设置好参数后，单击 确定 按钮即可将位图转换为矢量图，如图 4.5.12 所示。

位图　　　　　　　　　　　　　　转换为矢量图

图 4.5.12　将位图转换为矢量图

第六节　图层的应用

在 Flash 中绘制图形时，默认情况下，绘制的所有图形处于同一图层中，为了使绘制的图形之间互不影响，可以将不同的图形放置于不同的图层中。

图层相当于一张透明纸，可以将图形的每个部分分别绘制在不同的透明纸上，最后将所有的透明纸重叠在一起，就构成了一个完整的图形。

一、新建层

新建一个 Flash 文件时，只有一个图层，在制作动画的过程中，可以添加图层以满足创作要求，可建层的数目取决于计算机的内存，但不会改变该文件的大小。

在 Flash 中新建图层的具体操作如下：

（1）任意选中一层作为当前层。

（2）单击时间轴面板下方的"插入图层"按钮 ，即可在当前图层上方新建一个图层，如图 4.6.1 所示。

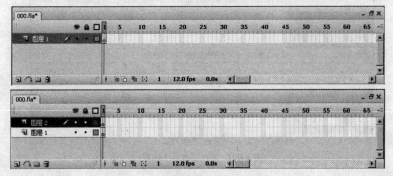

图 4.6.1　新建图层

提示：任意选中一层作为当前层，选择 插入(I) → 时间轴(T) ▶ → 图层(L) 命令，或在所选图层上单击鼠标右键，在弹出的快捷菜单中选择 插入图层 命令均可添加新图层。

二、更改图层名称

在创建动画的过程中，往往要创建多个图层以存放不同的图形，为了能快速地识别图层中放置的图形，可更改图层的名称以反映图层中的内容，其具体操作如下：

（1）单击选中任意一个图层。

（2）在该图层名称上双击鼠标，此时将出现一个文本框，用户可在该文本框中输入新的图层名称，如图 4.6.2 所示。

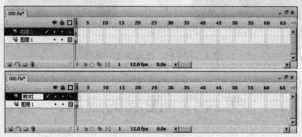

图 4.6.2　更改图层的名称

三、选中图层

在对图层中的内容进行编辑修改时，必须先选中图层，可以使用下面几种方法选中图层：

（1）单击图层名称。

（2）单击要选择图层中的一个帧。

（3）单击舞台上该层中的一个对象。

技巧：如果要选取连续的几个图层，在按住"Shift"键的同时单击图层名称，即可同时选取多个连续的图层；如果要选取不连续的几个图层，可在按住"Ctrl"键的同时单击图层名称，即可同时选取多个不连续的图层，如图 4.6.3 所示，选中后的图层以蓝色反白显示。

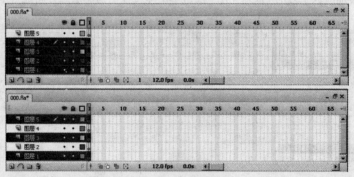

图 4.6.3　同时选取多个图层

四、复制图层

在制作图形的过程中，经常需要创建相同的图形，此时，可以将已创建图层中的帧复制后粘贴到新层中，即可快速创建重复图形，其具体操作如下：

（1）单击选中图层。

（2）在菜单栏中选择 编辑(E) → 时间轴(M) ▶ → 复制帧(C) 　　Ctrl+Alt+C
命令。

（3）单击时间轴面板下方的"插入图层"按钮 ，新建图层2。

（4）在菜单栏中选择 编辑(E) → 时间轴(M) ▶ → 粘贴帧(P) 　　Ctrl+Alt+V
命令，即可将原图层中的内容复制到新图层中，如图 4.6.4 所示。

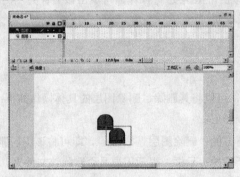

图 4.6.4　复制图层

五、创建图层文件夹

为了便于管理 Flash 中的图层，可以创建图层文件夹，使该文件夹像 Windows 中的文件夹管理文件一样管理图层。创建图层文件夹的具体操作如下：

（1）单击选中任意一个图层。

（2）单击时间轴面板下方的"插入图层文件夹"按钮 ，即可在当前图层上方创建一个图层文件夹，如图 4.6.5 所示。

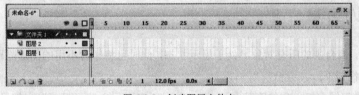

图 4.6.5　创建图层文件夹

提示：任意选中一层作为当前层，选择 插入(I) → 时间轴(I) ▶ → 图层文件夹(O) 命令，或在所选图层上单击鼠标右键，在弹出的快捷菜单中选择 插入图层文件夹 命令即可。

创建好图层文件夹后，该文件夹中并没有包含任何图层，可单击选中任意一个图层，按住鼠标左键不放将其拖至图层文件夹上，即可使该图层处于图层文件夹中，如图 4.6.6 所示。

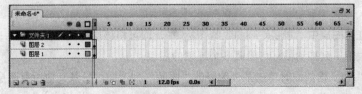

图 4.6.6　拖动图层至图层文件夹

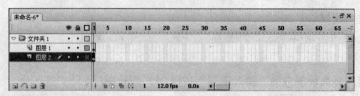

图 4.6.6（续）　拖动图层至图层文件夹

如果用户不再对该文件夹中的图层进行操作，可单击该文件夹左侧的小三角 ▽ 将其折叠起来，此时，该文件夹将显示为 🗀 形状。

六、删除层

当某个图层不再使用时，可以将其删除，删除图层的具体操作如下：

（1）单击选中任意一个图层。

（2）单击时间轴面板下方的"删除图层"按钮 🗑，即可将该图层删除。如果删除的是图层文件夹，此时会弹出如图 4.6.7 所示的提示框，提示用户是否删除该文件夹，如果单击 █是(Y)█ 按钮，即可删除该文件夹及其中的图层。

图 4.6.7　提示框

🌷提示：用户可在单击选中图层后，将其拖至"删除图层"按钮 🗑 上删除该图层，也可在该图层上单击鼠标右键，从弹出的快捷菜单中选择 █删除图层█ 命令删除图层。

七、隐藏/显示层

默认情况下，舞台中的所有对象都处于显示状态，此时可将暂时不用的图形隐藏起来。隐藏图层中的图形具体操作如下：

（1）单击时间轴面板上方的眼睛图标 👁，此时所有图层中的"眼睛"列都显示为 ✕ 图标，即所有的图层都被隐藏，如图 4.6.8 所示。

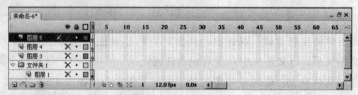

图 4.6.8　隐藏所有图层

（2）单击任意图层中"眼睛"列的眼睛图标 👁，即可将该层隐藏。

（3）在"眼睛"列拖动鼠标可隐藏多个连续的图层。

（4）按住"Alt"键的同时单击某个图层的"眼睛"列，即可隐藏其他所有图层。

🐢注意：当图层处于显示状态时，单击眼睛图标 👁 即可隐藏该图层；当图层处于隐藏状态时，

单击眼睛图标 👁 即可显示该图层。

八、锁定/解锁图层

创建好图形后，为了避免对其进行错误操作，可将该图形所在图层锁定，在创建好图形后再将其解锁。锁定/解锁图层的具体操作如下：

（1）单击时间轴面板上方的锁图标 🔒，此时所有图层中的"锁定"列都显示为 🔒 图标，即所有的图层都被锁定，如图 4.6.9 所示。

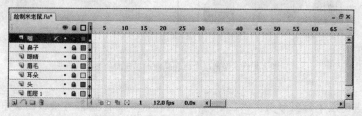

图 4.6.9 锁定所有图层

（2）单击任意图层中"锁定"列的锁图标 🔒，即可将该层中的所有图形锁定。

（3）在"锁定"列拖动鼠标可锁定多个连续的图层。

（4）按住"Alt"键的同时单击某个图层的"锁定"列，即可锁定其他所有图层。

🐵 注意：当图层处于未锁定状态时，单击锁图标 🔒 即可锁定该图层；当图层处于锁定状态时，单击锁图标 🔒 即可解锁该图层。

九、层轮廓线

Flash 中默认的图像显示方式为显示实体，为了便于查看图像的边缘，可以使图像仅以轮廓线显示，其具体操作如下：

（1）单击时间轴面板上方的轮廓线图标 ⬜，此时所有图层中的"轮廓"列显示为不同颜色的方框，即所有图层以轮廓线显示，如图 4.6.10 所示。

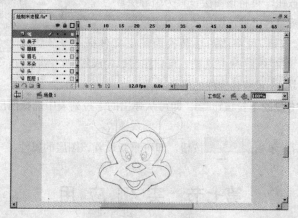

图 4.6.10 显示所有图层的轮廓线

（2）单击任意图层中"轮廓"列的轮廓线图标 ⬜，该图层中的所有图形以轮廓线显示。

（3）在"轮廓"列拖动鼠标可使多个连续图层中的图形以轮廓线显示。

（4）按住"Alt"键的同时单击某个图层的"轮廓"列，即可将其他所有图层中的图形以轮廓线显示。

当图形分别以实体和轮廓线显示时，其效果如图 4.6.11 所示。

 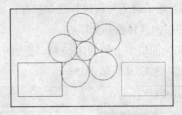

实体　　　　　　　　　　　　　　　轮廓线

图 4.6.11　图形以实体和轮廓线显示时的效果

注意：当图层中的图形以实体显示时，单击轮廓线图标 ▢ 即可使该图层中的图形以轮廓线显示；当图层中的图形以轮廓线显示时，单击轮廓线图标 ▢ 即可使该图层中的图形以实体显示。

十、调整图层属性

用户不仅可以在时间轴面板中设置图层的名称、显示模式等属性，而且可以根据需要，在其属性对话框中调整图层的类型、轮廓线颜色等属性，其具体操作如下：

（1）选中某个图层。

（2）双击时间轴面板中的层图标，弹出如图 4.6.12 所示的"图层属性"对话框。

该对话框中各选项的含义如下：

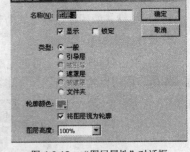

名称(N)：用户可在该文本框中修改当前图层的名称。

选中 ☑显示 复选框，该图层中的图形以实体显示。

选中 ☑锁定 复选框，可锁定该图层中的图形。

选中 ◉一般 单选按钮，可将该图层设置为普通图层。

选中 ◉引导层 单选按钮，可将该图层设置为引导层。

选中 ◉遮罩层 单选按钮，可将该图层转换为遮罩层。

选中 ◉文件夹 单选按钮，可将该图层转换为图层文件夹。

轮廓颜色：选中 ☑将图层视为轮廓 复选框，可将图层以轮廓线

图 4.6.12　"图层属性"对话框

显示，并可通过单击色块 ▇ 设置轮廓线的颜色。

图层高度：单击其右侧的下拉按钮 ▼ ，即可从弹出的下拉列表中选择图层的显示高度，其默认值为 100%。

（3）设置好参数后，单击 确定 按钮，即可重新设置该图层的属性。

第七节　实 例 应 用

通过本章的学习，制作如图 4.7.1 所示的电影胶片效果。

图 4.7.1　制作的胶片效果

（1）打开 Flash CS3，新建一个大小为"300 像素×150 像素"、背景色为"白色"的文件。

（2）选择矩形工具 ，在其工具属性面板中设置参数，如图 4.7.2 所示。

（3）使用矩形工具 在舞台上绘制矩形，如图 4.7.3 所示。

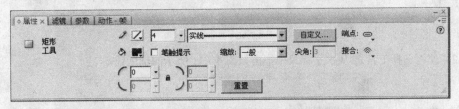

图 4.7.2　"矩形工具"属性面板

图 4.7.3　绘制矩形

（4）在"矩形工具"属性面板中设置填充颜色为"浅灰色"，按住"Shift"键绘制一个正方形。

（5）使用选择工具 选中该正方形，按住"Alt"键的同时拖动鼠标，松开鼠标后即可复制该正方形，按照此方法，复制多个正方形，如图 4.7.4 所示。

（6）使用选择工具 选中所有的正方形，在菜单栏中选择 窗口(W) → 对齐(G)　　　Ctrl+K 命令，打开对齐面板，单击"水平居中分布"按钮 ，将所有的正方形平均分布，如图 4.7.5 所示。

图 4.7.4　复制正方形

图 4.7.5　平均分布正方形

（7）使用选择工具 选中所有的正方形，拖动它们至黑色矩形上，如图 4.7.6 所示。

（8）使正方形处于选中状态，按住"Alt"键的同时拖动鼠标，即可复制选中的正方形，将它们放置在如图 4.7.7 所示的位置。

图 4.7.6　移动正方形的位置

图 4.7.7　复制并移动正方形

（9）在舞台中的空白处单击取消选中正方形，使用选择工具 单击选中黑色矩形，并将其移走，此时，被移走的黑色矩形中正方形位置被镂空，如图 4.7.8 所示。

（10）使用选择工具 单击选中正方形，按"Delete"键删除，如图 4.7.9 所示。

图 4.7.8 镂空矩形　　　　　图 4.7.9 删除正方形后的效果

（11）在菜单栏中选择 视图(V) → 标尺(R) 命令，标尺即可显示在工作区中，如图 4.7.10 所示。

图 4.7.10 显示标尺

（12）使用选择工具 从水平标尺中拖出如图 4.7.11 所示的辅助线。

图 4.7.11 创建辅助线

（13）在菜单栏中选择 视图(V) → 辅助线(E) → 锁定辅助线(K) 命令锁定辅助线。

（14）使用选择工具 拖出一个矩形框，选取辅助线中间的矩形部分，并在该图形属性面板上将其填充颜色修改为"红色"，如图 4.7.12 所示。

图 4.7.12 修改选取部分的颜色

（15）单击时间轴面板下方的"插入图层"按钮 ，新建图层 2。

（16）使图层 2 保持为当前图层，选择 文件(F) → 导入(I) → 导入到舞台(I)... Ctrl+R 命令，在弹出的"导入"对话框中选择 8 幅图片导入舞台中。

（17）使用任意变形工具 调整导入图片的大小，使其与红色矩形的高度相等，在菜单栏中选择 修改(M) → 分离(K) Ctrl+B 命令，将导入的位图打散，如图 4.7.13 所示。

图 4.7.13 将导入的位图打散

（18）将所有的图片平均分布在红色的矩形上面，如图 4.7.14 所示。

（19）在菜单栏中选择 视图(V) → 辅助线(E) → 清除辅助线 命令将创建的辅助

线清除，选择任意变形工具 ，单击"封套"按钮 ⬛，调整封套节点的角度，最终效果如图 4.7.1 所示。

图 4.7.14 复制并平均分布图像

习 题 四

一、填空题

1. _____ 是一种基于像素点的图像，每一点都对应着计算机屏幕中的一个"像素"。

2. _____ 由线条和色块组成，并且以数学方式记录各组成部分的形状、位置、线型以及大小等特征。

3. 使用 _____ 面板中的按钮可以使对象对齐。

4. _____ 是指单位长度内所含像素的多少，它主要用来衡量图像细节的表现能力。

二、选择题

1. 常见的颜色模式有（ ）。
  A. RGB 模式   B. Lab 模式   C. HSB 模式   D. CMYK 模式

2. Flash CS3 提供的导入图形图像的方法有（ ）。
  A. 导入到舞台   B. 导入到库   C. 导入到元件   D. 从外部库中导入

3. 图形的笔触颜色可在（ ）中设置。
  A. 工具箱   B. 属性面板   C. 颜色   D. 全选

4. 可在（ ）中更换图层名称。
  A. 时间轴面板   B. 对齐面板   C. 属性面板   D. 全错

5. 可在（ ）菜单中对图形对象进行变形操作。
  A. 编辑   B. 修改   C. 插入   D. 控制

三、上机操作题

将如题图 4.1（a）所示的位图图像分离后，为其填充如题图 4.1（b）所示的背景色。

（a）   （b）

题图 4.1

第五章 使用文本

在制作的动画中加入文字,既能丰富动画界面,又能对动画的内容进行辅助性的说明。在动画中应用文字,可以起到画龙点睛的作用。本章将主要介绍使用文本工具创建文本和对文本的内容及形状进行编辑处理等内容。

本章主要内容:

◆ 创建文本
◆ 编辑文本

第一节 创 建 文 本

在 Flash CS3 中,可以创建 3 种类型的文本,即静态文本、动态文本和输入文本。

一、使用文本工具

选择文本工具 **T**,在舞台上单击,即可创建一个文本框,如图 5.1.1 所示。在该文本框中输入文字,即可创建文本,如图 5.1.2 所示。

图 5.1.1 文本框 　　　　图 5.1.2 创建的文本

二、创建静态文本

默认情况下,在 Flash 中创建的文本为静态文本,而且文本被放在同一行,该行的长度会随着文本的输入逐渐扩展,并且文本框右上角有一个圆形手柄,表示该文本框为宽度可变的文本框(见图 5.1.2)。如果要创建固定宽度或固定高度的文本,可以采用以下方法:

(1)选择文本工具 **T**,在舞台上单击鼠标并拖动,即可创建一个水平方向的文本框,且该文本框右上角有一个方形的控制手柄,表示该文本框的宽度是固定的,如图 5.1.3 所示。此时在该文本框中输入文本时,其宽度不变,当输入的文本超过其宽度时,则会自动转到下一行,如图 5.1.4 所示。

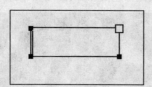　　　　

图 5.1.3 创建水平方向的矩形区域 　　　　图 5.1.4 创建固定宽度的文本

(2)选择文本工具 **T**,单击其属性面板中的"改变文本方向"按钮 ,在弹出的下拉菜单中选择 垂直,从左向右 命令,此时,在舞台上单击鼠标并拖动,即可创建一个垂直方向的文本框,并且该文本框右下角有一个方形的控制手柄，表示该文本框的高度是固定的，如图 5.1.5 所示。在该文本框中输入文本时，其高度不变，当输入的文本超过其高度时，则会自动转到下一列，如图 5.1.6 所示。

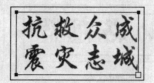

图 5.1.5　创建垂直方向的矩形区域　　　　图 5.1.6　创建固定高度的文本

对于创建的文本框，可通过拖动其右上角或右下角的控制手柄，调整文本框的大小。

如果创建的文本框为宽度可变的文本框，单击其右上角的圆形手柄并拖动，即可将其转换为固定宽度的文本框，如图 5.1.7 所示；如果创建的文本框为固定宽度的文本框，可双击其右上角的方形手柄，将其转换为宽度可变的文本框，如图 5.1.8 所示，此方法也可用于垂直方向的文本。

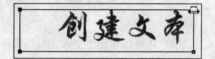

图 5.1.7　将宽度可变的文本框转换为固定宽度的文本框

图 5.1.8　将固定宽度的文本框转换为宽度可变的文本框

三、创建动态文本和输入文本

在 Flash CS3 中不仅可以创建静态文本，而且可以创建动态文本和输入文本，其具体操作如下：

（1）在工具箱中选择文本工具 **T**，单击该工具属性面板中文本类型右侧的下拉按钮▼，在弹出的下拉列表中选择动态文本或输入文本，如图 5.1.9 所示，使用鼠标在舞台上单击，即可创建动态文本或输入文本。

图 5.1.9　"文本工具"属性面板

（2）创建动态文本或输入文本时，无论是使用鼠标单击或单击并拖动，都可创建固定宽度的文本框，并且该文本框右下角有一个方形手柄，表示该文本框的宽度是固定的，如图 5.1.10 所示。

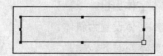
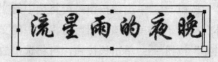

图 5.1.10　创建动态文本

（3）如果要创建宽度可变的动态文本或输入文本，可先创建宽度可变的静态文本，然后将属性面板中的文本类型更换为动态文本或输入文本，此时，即可将其转换为宽度可变的动态文本或输入文本，并且该文本框的右下角有一个圆形手柄，表示该文本框的宽度是可变的，如图 5.1.11 所示。

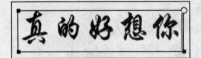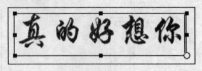

　　　　　　创建的静态文本　　　　　　　　　　　　　转换后的动态文本

图 5.1.11　将宽度可变的静态文本转换为宽度可变的动态文本

注意：动态文本和输入文本只能为水平方向的文本。

第二节　编　辑　文　本

创建文本后，用户还可以使用"文本工具"属性面板及文本菜单对创建的文本进行编辑处理，以创建不同风格的文本样式。

一、设置文本属性

在 Flash CS3 中可以创建 3 种类型的文本：静态文本、动态文本和输入文本，因为它们可以应用在不同的环境，所以其属性设置也不同，可分别对其属性进行设置，以满足不同的需要。

1．设置静态文本的属性

如果创建的文本为静态文本，则其属性面板如图 5.2.1 所示。

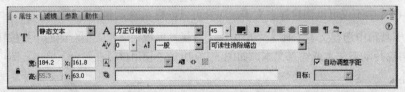

图 5.2.1　"静态文本"属性面板

该属性面板中各选项的含义如下：

（1） **T**：单击其右侧的下拉按钮 ▼，弹出字体下拉列表，用户可在该列表中选择文本的字体，也可以直接在字体文本框中输入字体的名称选择相应的字体。

（2） 40 ：在该文本框中输入数值或单击其右侧的下拉按钮 ▼，在弹出的滑杆上拖动滑块调整文本的字体大小。

（3）"字体颜色"按钮 ■▼：单击该按钮，可在打开的颜色调节面板中选择文本的颜色。

（4）"黑体"按钮 **B**：单击该按钮，可将选中的文本字体加粗。

（5）"斜体"按钮 *I*：单击该按钮，可将选中的文本字体设置为斜体。

（6）"左对齐"按钮 ≡：单击该按钮，可将选中的文本左对齐。

（7）"水平居中对齐"按钮 ≡：单击该按钮，可将选中的文本居中对齐。

（8）"右对齐"按钮 ≡：单击该按钮，可将选中的文本右对齐。

（9）"两端对齐"按钮 ≡：单击该按钮，可将选中的文本两端对齐。

（10）"格式"按钮 ¶：单击该按钮，弹出"格式选项"对话框，如图 5.2.2 所示，用户可在该对话框中设置静态文本的缩进、行距、左边距和右边距。

（11）"更改文本方向"按钮 ：单击该按钮，弹出其下拉列表，其中包含 3 个选项：水平、垂直从左向右、垂直从右向左，用户可根据需要选择相应的选项设置文本的方向，如图 5.2.3 所示为创建的不同方向的文本。

图 5.2.2　"格式选项"对话框

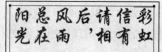 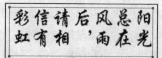

　　水平方向　　　　　　　　垂直从左向右　　　　　　　垂直从右向左

图 5.2.3　创建的不同方向的文本

（12） ：在该文本框中输入数值或单击其右侧的下拉按钮 ，从弹出的滑杆上拖动滑块即可调整字母的间距。

（13） ：单击其右侧的下拉按钮 ，弹出其下拉列表，其中包含 3 个选项：一般、上标和下标，用户可在该列表中选择相应的选项设置字符的位置。

（14） 动画消除锯齿 ：单击其右侧的下拉按钮 ，弹出其下拉列表，其中包含 5 个选项，用户可根据需要选择相应的选项，来消除动画中的锯齿。

（15）选中 自动调整字距 复选框，可使 Flash 自动微调输入文本的间距。

（16）"可选"按钮 ：单击该按钮，可以在浏览动画时，选择水平方向的静态文本。

（17） ：在其右侧的文本框中可输入文本的链接地址，将文本链接到 URL。

设置好静态文本的属性后，使用文本工具 T，可以创建如图 5.2.4 所示的静态文本。

　　　创建的文本　　　　　　　　　　　　创建的斜体文本

　　　调整文本的间距　　　　　　　　　　更改文本的颜色

　　　上标文字　　　　　　　　　　　　　下标文字

图 5.2.4　创建静态文本

2．设置动态文本的属性

如果创建的文本为动态文本，则其属性面板如图 5.2.5 所示。

图 5.2.5 "动态文本"属性面板

该面板与"静态文本"属性面板基本相同，其中不同选项的含义如下：

（1）![A]：单击其右侧的下拉按钮▼l，弹出其下拉列表，其中包括 3 个选项：单行、多行和多行不换行，用户可在该列表中选择相应的选项设置文本的排列方式。

（2）"将文本呈现为 HTML"按钮 ◇ ：单击该按钮，使文本呈现为 HTML，即可保留文本的字体、颜色、大小和超链接等多种属性。

（3）"在文本周围显示边框"按钮 □ ：单击该按钮，在播放动画时系统会自动为所选文本增加一个边框。

（4）变量：：用户可在该文本框中为动态文本设置一个变量名。

（5）![图标]：在其右侧的文本框中可输入文本的链接地址，将文本链接到 URL。

（6）目标：：当用户在 URL 链接文本框中输入链接地址后，可单击其右侧的下拉按钮▼，在弹出的下拉列表中选择打开链接的位置，其中包括 4 个选项：_blank（在新浏览器窗口中打开链接网页）、_parent（在当前框架的父框架中打开文档）、_self（在当前窗口中打开链接网页）和_top（在当前窗口的顶层框架中打开文档）。

![图标]注意：由于动态文本可以实时反映动作或程序对变量值的修改，它具有鲜明的动态效果，所以动态文本在编辑状态下的显示与导出时的显示不同，并且只能在导出的影片中进行测试。

3. 设置输入文本的属性

如果创建的文本为输入文本，则其属性面板如图 5.2.6 所示。

图 5.2.6 "输入文本"属性面板

"输入文本"属性面板与"动态文本"属性面板基本相同，其中不同选项的含义如下：

（1）![A]：单击其右侧的下拉按钮▼l，弹出其下拉列表，其中包括 4 个选项：单行、多行、多行不换行和密码，用户可在该列表中选择相应的选项设置文本的排列方式，还可以将其设置为"密码"，从而制作密码输入框。

（2）最多字符数：：用户可在该文本框中输入数值，设置文本框中允许输入的最大字符数，其默认值为 0。

二、选中文本

对文本进行各种编辑操作之前，必须先将其选中，然后才能进行编辑处理。选中文本的具体操作如下：

（1）如果要选中单个文本框，使用选择工具 在文本框上单击即可，按住"Shift"键可以选中多个文本框，如图5.2.7所示。

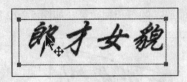
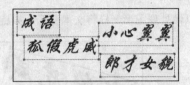

选中单个文本框   同时选中多个文本框

图5.2.7 选中文本框

提示：使用选择工具 拖出一个矩形框，将所有文本框包含在内，即可将其全部选中。

（2）如果要选中一个字符串，可使用文本工具 **T** 在创建的文本上单击，进入文本编辑状态，将光标移至要选中的文本前，单击鼠标并拖动，直到选中的字符都以反白的方式显示，即可将某个字符串选中，如图5.2.8所示。

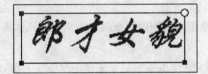

图5.2.8 选中字符串

（3）在文本编辑状态下，将鼠标光标放置到要选中字符的左侧，按住"Shift"键的同时在要选中字符的右侧单击，即可选中两者之间的文字，如图5.2.9所示。

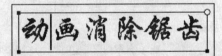

图5.2.9 选中光标之间的文字

（4）如果要选择一整句或一个单词，可将鼠标光标移至句子或单词中间，双击鼠标即可选中句子或单词，如图5.2.10所示。

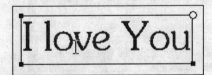
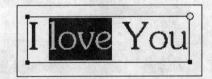

图5.2.10 选中一个单词

（5）如果要选取文本框中的所有文本，可在文本编辑状态下按"Ctrl+A"键，即可选中所有文本，如图5.2.11所示。

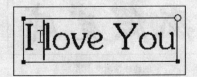
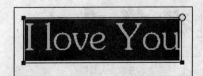

图5.2.11 选取所有文本

三、变形文本

用户可以像处理图形一样将文本变形，如旋转、缩放、倾斜和翻转等，如图 5.2.12 所示。

图 5.2.12 变形文本

注意：变形后的文本依然可以编辑，但严重的变形会使文本非常难看。

四、分离文本

用户还可以将文字转换为图形，对其进行其他操作，以创建特殊风格的文本，具体操作如下：

（1）使用选择工具 选中文本框。

（2）在菜单栏中选择 修改(M) → 分离(K)　　　　Ctrl+B 命令，将文本框中的文本分散成独立的文本块，如图 5.2.13 所示。

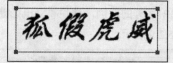

图 5.2.13 将文本分散成文本块

（3）在菜单栏中选择 修改(M) → 时间轴(M) ▶ 分散到图层(D)　Ctrl+Shift+D 命令，即可将分散的文本块分布到自动生成的图层中，并且生成图层的个数与文本块的个数相同，如图 5.2.14 所示。

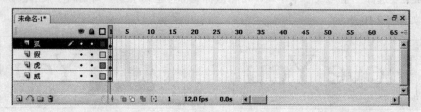

图 5.2.14 将文本块分散到图层

（4）使用选择工具 选中分散后的文本块，再次选择 修改(M) → 分离(K)　　　Ctrl+B 命令，即可将文本转换为矢量图，此时，用户可像处理图形一样处理分离后的文本，如图 5.2.15 所示。

将文本分散为矢量图　　　　　　　　　　　创建线性渐变图形

图 5.2.15 处理分散为矢量图的文本

第三节 实 例 应 用

通过本章的学习，制作如图 5.3.1 所示的位图文字效果。

图 5.3.1 最终效果图

（1）启动 Flash CS3 软件，新建一个空白文档。

（2）按"Ctrl+J"键，在弹出的对话框中设置尺寸为"550 像素×400 像素"、背景颜色为"白色"，单击 确定 按钮。

（3）选择 文件(F) → 导入(I) ▶ 导入到舞台(I)... Ctrl+R 命令，弹出"导入"对话框，如图 5.3.2 所示。

图 5.3.2 "导入"对话框

（4）选中要导入的图片，单击 打开(O) 按钮导入，所选图片就出现在工作区的中央，如图 5.3.3 所示。

（5）在属性面板中有 4 个可填写框，它们所显示的数字分别表示图片的宽、高及中心点的横、纵坐标值。选中图片，在属性面板中设置宽为"550"、高为"400"、X 坐标为"0"、Y 坐标为"0"（见图 5.3.4），使图片恰好覆盖整个工作区。

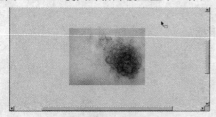

图 5.3.3 导入图片

图 5.3.4 属性面板

（6）单击时间轴面板中的"插入图层"按钮 ，插入"图层 2"。选择工具箱中的文本工具 ，在属性面板中设置字体为"方正超粗黑简体"，字号为"96"，文本颜色为"红色"，在图层 2 中输入文字"位图文字"，如图 5.3.5 所示。

（7）选中图层 1 中的背景图片，选择 修改(M) → 分离(K)　　　　Ctrl+B 命令，打散图片。选择工具箱中的滴管工具 ，单击被打散的图片，将图片定为填充物，此时工具栏中的填充框显示为 。

（8）选中图层 2 中的文字，连续选择 修改(M) → 分离(K)　　　　Ctrl+B 命令两次，将文字打散。选择工具箱中的颜料桶工具 ，单击被打散的文字，可以看到被单击的文字消失了，这是由于填充了图片后的文字与背景一致，所以不可见。

（9）选中图层 1，单击时间轴面板中的"删除图层"按钮 将其删除，效果如图 5.3.6 所示。

图 5.3.5　输入文字　　　　　　　　　　　　图 5.3.6　填充文字

（10）按 "Ctrl+Enter"键测试影片，最终效果如图 5.3.1 所示。

习 题 五

一、填空题

1. 在 Flash CS3 中，用户可以通过＿＿＿＿＿＿面板或菜单命令设置文本的字体属性。

2. 在 Flash CS3 中，文本分为＿＿＿＿＿、动态文本和输入文本 3 种类型，它们都支持 Unicode 文本编码。

3. 在 Flash CS3 中有 3 种设备字体：named_sans、_serif 和＿＿＿＿＿＿，如果使用这些字体，Flash 播放器将从本地系统中找到最接近的字体来显示。

二、选择题

1. 下列不属于文本段落格式的是（　　　）。

　　A．缩进　　　　　　B．行距　　　　　　C．边距　　　　　　D．对齐

2. "字符位置"下拉列表中的选项包括（　　）。

　　A．正常　　　　　　B．上标　　　　　　C．下标　　　　　　D．中标

3. 关于分离文本，（　　）是不正确的。

　　A．可将文本转换为矢量图

　　B．可将文本转换为组成它的线条和填充块

　　C．按"Ctrl+B"键的次数等于字数

　　D．对于字数大于 1 的文本，需要按两次"Ctrl+B"键

4.（　　）是文本最基本的属性，是文本的字体属性。

　　A．字体　　　　　　B．字号　　　　　　C．颜色　　　　　　D．样式

三、上机操作题

1．任意输入一段文本，依次将其设置为"静态文本"、"动态文本"和"输入文本"，观察属性面板的变化。

2．在舞台中输入自己的名字，并设置它的字体为"隶书"，颜色为"蓝色"，字号为"75"。

3．创建如题图 5.1 所示的文本。

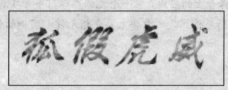

题图 5.1

4．创建如题图 5.2 所示的描边文字效果。

题图 5.2

5．创建如题图 5.3 所示的三色字效果。

题图 5.3

第六章 元件、实例和库

在 Flash 中，用户可以将重复使用的图形、按钮或电影剪辑转换成元件。每个元件都有自己的时间轴和场景，而实例是元件在舞台上的应用，且一个元件可以有多个实例。用户不仅可以使用系统自带的库元件，还可以创建自己的元件库，本章将主要介绍元件和实例的创建、编辑及库的使用。

本章主要内容：
◆ 元件的类型
◆ 创建和编辑元件
◆ 创建、识别和编辑实例
◆ 库的应用
◆ 公共库资源

第一节 元件的类型

在 Flash 中制作好图形后，如果要重复使用该图形，将图形转换为元件即可，且制作好的元件都存放在元件库中。

用户可以根据不同的需要，将图形转换为不同类型的元件。元件可分为 3 种类型，分别为图形元件、按钮元件和影片剪辑元件。

1. 图形元件

图形元件用于制作静态图像，以及链接到主影片时间轴中可重复使用的动画片段。图形元件在操作上与影片的时间轴同步，且不能将交互式控件和声音用于图形元件的动画序列中。

2. 按钮元件

按钮元件用于制作响应鼠标单击、滑过或其他动作的交互式按钮。制作按钮前，应首先定义与各种按钮状态相关联的图形，然后根据需要将动作指定给按钮实例。

3. 影片剪辑元件

影片剪辑元件用于制作可重复使用的、独立于主影片时间轴的动画片段。该元件拥有独立于主时间轴的多帧时间轴，也可以将其看做是主时间轴内的嵌套时间轴。影片剪辑中可以包括交互式控件、声音或其他影片剪辑实例。用户可以将影片剪辑实例放在按钮元件的时间轴中，以创建动画按钮。

第二节 创建和编辑元件

在 Flash 中创建元件时，既可以直接创建一个空白元件，在该元件的编辑模式中绘制图形作为元件的内容；也可以将舞台中的对象选中，将它们转换成元件。

一、创建新的图形元件

用户可以直接创建一个新的空白元件，并在其编辑状态下再创建图形，其具体操作如下：

（1）选择 插入(I) → 新建元件(N)… Ctrl+F8 命令，弹出"创建新元件"对话框，如图6.2.1所示。

（2）单击 高级 按钮，即可展开高级选项，如图6.2.2所示。

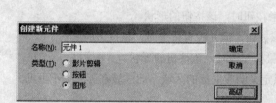

图6.2.1 "创建新元件"对话框

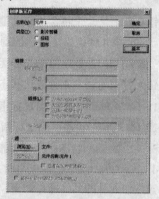

图6.2.2 展开"高级"选项

（3）在 名称(N): 文本框中输入元件的名称，在 类型(I): 选项区中选择元件的类型，设置好参数后，单击 确定 按钮，即可进入图形元件的编辑模式，如图6.2.3所示。

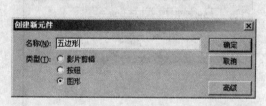

图6.2.3 图形元件的编辑模式

（4）使用多边形工具绘制五边形，如图6.2.4所示。

（5）选择 窗口(W) → 库(L) Ctrl+L 命令，打开库面板，此时，会发现制作的元件已被放置在库中，如图6.2.5所示。

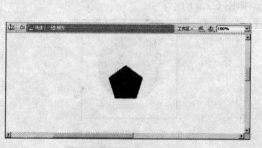

图6.2.4 绘制的五边形

图6.2.5 库面板

注意：如果创建的元件为包含多帧的图形元件，且当前时间轴的帧数少于图形元件的帧数，那么应根据需要扩展主时间轴的帧。

二、创建按钮元件

按钮实际上是一个包含 4 个关键帧的交互式影片剪辑。其中，前 3 帧分别定义了按钮的 3 种可能发生的状态，第 4 帧定义了按钮的动作。在影片中使用交互式按钮时，应在场景中放置该按钮的实例并为它分配动作，并且是将动作分配给该按钮的实例，而不是时间轴上的某一帧。

按钮元件时间轴中 4 种按钮状态的含义如下：

（1）**弹起**状态：当鼠标指针不接触按钮时，该按钮的形状。

（2）**指针经过**状态：当鼠标指针经过该按钮，但并没有按下时，该按钮的形状。

（3）**按下**状态：当鼠标指针按下鼠标左键时，该按钮的形状。

（4）**点击**状态：在点击状态下可以定义响应鼠标的区域，此区域在影片中不可见。

创建按钮元件的具体操作如下：

（1）选择 **插入(I)** → **新建元件(N)... Ctrl+F8** 命令，弹出"创建新元件"对话框，在该对话框中设置参数如图 6.2.6 所示。

（2）单击 **确定** 按钮，即进入按钮元件编辑模式，如图 6.2.7 所示。

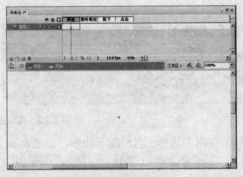

图 6.2.6　"创建新元件"对话框　　　　　图 6.2.7　按钮元件编辑模式

（3）在工具箱中选择椭圆工具 ⬭ ，绘制一个笔触颜色为"紫色"、笔触样式为 ▭ 、笔触高度为"3"、填充颜色为由黄至白的放射状渐变的正圆形，如图 6.2.8 所示。

（4）用鼠标右键单击 **指针经过** 帧，在弹出的快捷菜单中选择 **插入关键帧** 命令，单击正圆形，将其填充颜色设置为由绿到白的放射状渐变，如图 6.2.9 所示。

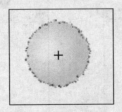　　　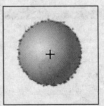

图 6.2.8　绘制的正圆　　　　　图 6.2.9　调整正圆的填充颜色

（5）用鼠标右键单击 **按下** 帧，在弹出的快捷菜单中选择 **插入关键帧** 命令，单击正圆形，将其填充颜色设置为由蓝到白的放射状渐变，如图 6.2.10 所示。

（6）用鼠标右键单击 **点击** 帧，在弹出的快捷菜单中选择 **插入帧** 命令，此时，该按钮已制作完成，单击时间轴面板上方的 **场景1** 图标，即可返回到场景1。

（7）打开库面板，发现创建的按钮已被放置于库面板中，在库面板中单击创建的按钮，按住鼠标不放，将其拖至舞台中，按"Ctrl+Enter"键，即可导出该影片，如图 6.2.11 所示，此时，单击该按钮即可使用。

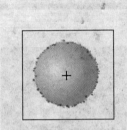

图 6.2.10 改变正圆的填充颜色

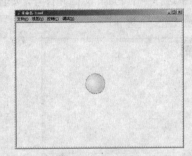

图 6.2.11 创建的按钮

三、创建影片剪辑元件

影片剪辑是最常用的元件类型，其创建的方法与创建图形元件和按钮元件相同，只是在影片剪辑中，用户可以像使用主影片时间轴一样使用时间轴，还可以向该元件添加动画效果，以创建一个独立于主影片的动画片段。

四、将舞台中的对象转换为元件

用户可以将舞台中绘制的图形转换为元件，其具体操作如下：

（1）在舞台中选中将要转换为元件的图形，如图 6.2.12 所示。

（2）选择 **修改(M)** → **转换为元件(C)... F8** 命令，弹出"转换为元件"对话框，如图 6.2.13 所示。

图 6.2.12 选中图形

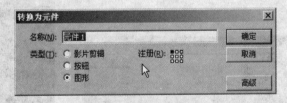

图 6.2.13 "转换为元件"对话框

（3）在该对话框中设置好参数后，单击 **确定** 按钮，即可将选中的图形转换为元件，并且元件被选中时其中心位置有一个带"十"字的小圈，如图 6.2.14 所示。

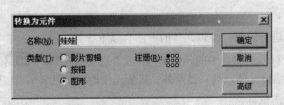

图 6.2.14 将图形转换为元件

五、将动画转换为影片剪辑元件

用户可以将创建的动画转换为影片剪辑，具体操作如下：

（1）在菜单栏中选择 文件(F) → 打开(O)... 　　　 Ctrl+O 命令，弹出"打开"对话框，如图 6.2.15 所示。在该对话框中选择一个 Flash 文档并打开，如图 6.2.16 所示。

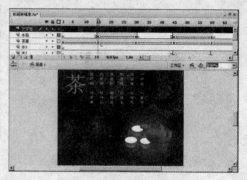

图 6.2.15 　"打开"对话框　　　　　　　　　　　　图 6.2.16 　打开的 Flash 文档

（2）按住"Shift"键的同时使用鼠标右键单击时间轴面板中的所有图层，从弹出的快捷菜单中选择 复制帧 命令。

（3）在菜单栏中选择 插入(I) → 新建元件(N)... Ctrl+F8 命令，弹出"创建新元件"对话框，在该对话框中设置参数如图 6.2.17 所示。

（4）单击 确定 按钮，进入影片剪辑编辑模式，在第 1 帧中单击鼠标右键，从弹出的快捷菜单中选择 粘贴帧 命令，即可将复制的动画粘贴至影片剪辑中，如图 6.2.18 所示。

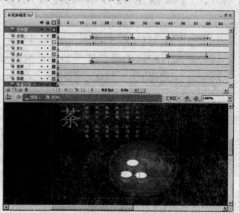

图 6.2.17 　"创建新元件"对话框　　　　　　　　图 6.2.18 　影片剪辑编辑模式

六、编辑元件

用户创建好元件后，还可以对其进行编辑，编辑元件的方法有以下 3 种：

（1）在当前位置编辑元件。用鼠标双击舞台中的元件实例，或者选择 编辑(E) → 在当前位置编辑(E) 命令进入元件编辑模式，此时，除被编辑元件以高亮显示外，其余元件均以灰色显示。如果要退出元件编辑模式，可在元件外任意区域双击鼠标。

（2）在新的工作窗口中编辑元件。单击工作区上方的"编辑元件"按钮 ，弹出其下拉列表，用户可在该列表中选择要编辑的元件，或者选中舞台上的实例后选择 编辑(E) → 编辑元件(E) 命令，此时，系统自动打开一个新的元件编辑窗口。

（3）在元件编辑模式下编辑元件。双击库面板中要编辑元件的图标，此时，即可进入该元件的编辑模式。

🌷 提示：如果要退出元件编辑模式，可单击 ⇦ 按钮或单击 🎬 场景1 图标返回到主场景。

第三节　创建与识别实例

实例是元件在影片中的应用，元件与实例之间的关系类似于"演员"与"角色"之间的关系，一个演员可以扮演多个角色，同一个元件也可以被多次使用，创建出多个实例。

在 Flash 中，虽然元件实例的基本内容与元件相同，但用户可以根据不同的用途更改实例的颜色、透明度和亮度等属性。

一、实例的创建

当用户创建好元件后，将该元件拖到舞台中，即可在动画中或其他元件中创建该元件的实例，具体操作如下：

（1）在菜单栏中选择 窗口(W) → 库(L)　　　　Ctrl+L 命令，打开库面板。

（2）在库面板中选择一个元件，按住鼠标不放将其拖至舞台上，即可创建该元件的实例，如图 6.3.1 所示。

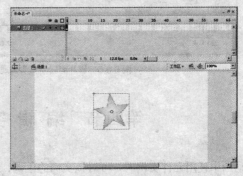

图 6.3.1　创建元件实例

此时，该实例的属性面板如图 6.3.2 所示。

图 6.3.2　"实例"属性面板

🌷 提示：实际上当用户创建元件时，同时就在舞台上创建了该元件的实例。

二、实例的识别

当用户创建好实例后，可通过其属性面板识别实例，具体操作如下：

（1）当用户创建一个图形元件实例时，其属性面板如图 6.3.3 所示。在该面板中，最左侧显示![图标]图标，实例行为是 图形　　▼ ，表示该实例为图形元件实例。

图 6.3.3　图形元件实例属性面板

（2）当用户创建一个按钮元件实例时，其属性面板如图 6.3.4 所示。在该面板中，最左侧显示![图标]图标，实例行为是 按钮　　▼ ，表示该实例为按钮元件实例。

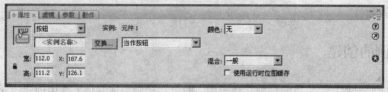

图 6.3.4　按钮元件实例属性面板

（3）当用户创建一个影片剪辑元件实例时，其属性面板如图 6.3.5 所示。在该面板中，最左侧显示![图标]图标，实例行为是 影片剪辑　　▼ ，表示该实例为影片剪辑元件实例。

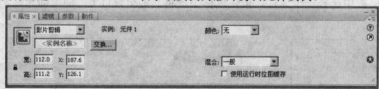

图 6.3.5　影片剪辑元件实例属性面板

第四节　编 辑 实 例

当用户在动画中使用元件实例时，可对该实例的色调、透明度、亮度等属性进行编辑修改，也可以根据需要更改实例的类型等。

一、改变实例的颜色

在 Flash 中，每一个元件实例都有自己的颜色。要更改其颜色，可在该元件实例的属性面板中进行调节。

1. 更改实例的亮度

用户可以根据不同的创作需要调整实例的亮度，具体操作如下：

（1）使用选择工具![图标]选取实例。

（2）单击其属性面板中 颜色:右侧的下拉按钮 ▼，在弹出的下拉列表中选择"亮度"选项，如图 6.4.1 所示。

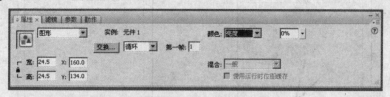

图 6.4.1　设置实例的亮度

（3）用户可在 0% ▼ 文本框中输入数值设置实例的亮度，也可单击其右侧的下拉按钮 ▼，在弹出的滑杆上拖动滑块改变实例的亮度。当该值为 0% 时，实例即变成了纯白色；当该值为 50% 时，实例变成了半透明状态；当该值为 100% 时，实例保持原来的亮度不变。设置不同的数值显示实例，效果如图 6.4.2 所示。

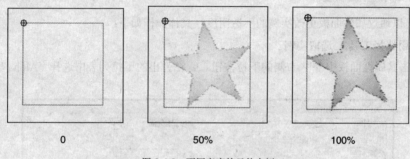

0　　　　　　　　　　　　　50%　　　　　　　　　　　　100%

图 6.4.2　不同亮度的元件实例

技巧：可将实例亮度设置为 50%，创建隐约的半透明效果；也可将元件实例亮度设置为 0%，创建隐藏的效果。

2．更改实例的色调

当用户创建好实例后，可在需要时改变该实例的色调，具体操作如下：

（1）使用选择工具 选取实例。

（2）单击其属性面板中 颜色:右侧的下拉按钮 ▼，在弹出的下拉列表中选择"色调"选项，如图 6.4.3 所示。

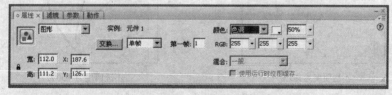

图 6.4.3　设置实例的色调

（3）单击"颜色"按钮 ，可在打开的颜色调节面板中选择一种颜色作为实例的颜色。

（4）用户可在 100% ▼ 文本框中输入数值设置颜色的透明度，也可单击其右侧的下拉按钮 ▼，在弹出的滑杆上拖动滑块调整颜色的透明度。当该值为 100% 时，实例就完全变成了所选的颜色；当该值为 0 时，实例即恢复到原来的色调。

（5）当用户选择好实例的颜色后，该颜色的 RGB 值即会显示在 RGB: 文本框中，用户也可以分别在 R，G 和 B 文本框中输入数值调整该颜色。

为舞台中的实例设置不同的色调，效果如图 6.4.4 所示。

 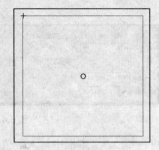

透明度为 0%　　　　　　　　　　　　　　　透明度为 100%

图 6.4.4　不同色调的元件实例

3．更改实例的不透明度

用户也可以通过属性面板更改实例的不透明度，具体操作如下：

（1）使用选择工具 选取实例。

（2）单击其属性面板中 颜色: 右侧的下拉按钮，在弹出的下拉列表中选择 "Alpha"，如图 6.4.5 所示。

图 6.4.5　设置实例的不透明度

（3）用户可直接在 50% 文本框中输入数值设置实例的不透明度，也可单击其右侧的下拉按钮，在弹出的滑杆上拖动滑块调整实例的不透明度。

为实例设置不同的不透明度，效果如图 6.4.6 所示。

不透明度为 40%　　　　　　　　　　　　　　不透明度为 100%

图 6.4.6　不同不透明度的元件实例

4．实例的高级模式

如果用户要同时调整实例的颜色、色调和透明度，可在其高级模式中进行调节，具体操作如下：

（1）使用选择工具 选取实例。

（2）单击其属性面板中 颜色: 右侧的下拉按钮，在弹出的下拉列表中选择 "高级" 选项，如图 6.4.7 所示。

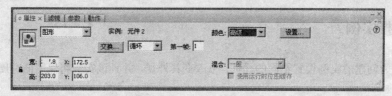

图 6.4.7 设置实例的高级选项

（3）单击 设置... 按钮，弹出"高级效果"对话框，如图 6.4.8 所示。

该对话框中左侧的前 3 个文本框用于给实例设置新的色调，第 4 个文本框用来设置实例的不透明度；右侧的前 3 个文本框可以调整其对应颜色的深浅程度，数值越大，该颜色越深；第 4 个文本框用来校正前面的不透明度，当其数值大于零时，图像变得不透明；当该值小于零时，图像将更透明。

（4）设置好参数后，单击 确定 按钮，即可为该实例应用高级效果，如图 6.4.9 所示。

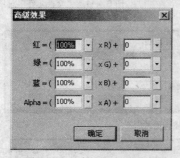

图 6.4.8 "高级效果"对话框

图 6.4.9 应用高级效果后的实例

二、更改实例的类型

如果要更改某个实例的类型，可通过以下方法实现：

（1）使用选择工具 选取实例。

（2）单击其属性面板中 图形 右侧的下拉按钮 ，在弹出的下拉列表中选择相应的选项可更改实例的类型，如图 6.4.10 所示。

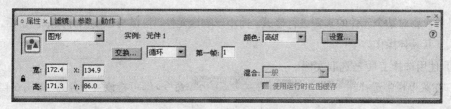

更改前的元件实例类型

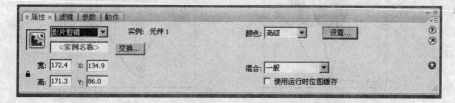

更改后的元件实例类型

图 6.4.10 更改元件实例的类型

三、替换实例

用户可以为创建的实例设置不同的元件，以改变其外观，并且该实例将保留原有属性，其具体操作如下：

（1）使用选择工具 选取实例。

（2）单击属性面板中的 交换... 按钮，弹出"交换元件"对话框，如图 6.4.11 所示。

（3）选择名为"元件 2"的图形元件，单击 确定 按钮，即可将图形实例"元件 1"替换为图形实例"元件 2"，此时，该元件保留了原实例的类型属性，如图 6.4.12 所示。

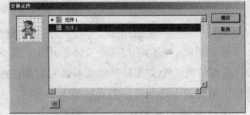

图 6.4.11　"交换元件"对话框

替换前元件实例属性面板

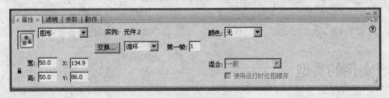

替换后元件实例属性面板

图 6.4.12　替换实例

四、分离实例

如果用户要对某个元件的实例进行修改，而不影响该元件，可以将该实例分离成图形后，再对其进行修改。其具体操作如下：

（1）使用选择工具 选取实例。

（2）在菜单栏中选择 修改(M) → 分离(K)　　　　　　Ctrl+B 命令，即可将该实例分离，如图 6.4.13 所示。

分离前

分离后

图 6.4.13　分离元件实例

第五节 库 的 应 用

启动 Flash 后，系统会自动创建一个附属于动画的库，用户可以将影片中用到的对象存储在库中，以备再次使用时调用。当用户创建新元件后，该元件会自动被添加到库中，除此之外，用户还可以使用 Flash 自带的公共库中的元件及其他文档的元件。

一、库面板

当用户创建了元件后，该元件会被自动放置于库中，使用库面板可以方便地查找、编辑和使用元件。

在菜单栏中选择 窗口(W) → 库(L)　　　　　　Ctrl+L 命令，即可打开库面板，如图 6.5.1 所示。

库面板可以分为上、下两部分，其中上半部分是预览区，当用户选择一个元件后，在该区域就会显示该元件的缩略图；下半部分是编辑区，用户可以在该区域中修改元件的名称、类型等属性。

图 6.5.1 库面板

二、创建库元素

当用户创建元件后，该元件即可被添加至库中，成为库元素。在 Flash 中创建元件，可以使用以下方法：

（1）直接创建元件。

（2）将舞台中的图形转换为元件。

（3）使用系统公共库中的元件。

（4）使用其他文档中的元件。

（5）通过导入位图、视频等创建元件。

三、重命名库

如果用户要更改库中元件的名称，可使用鼠标在该元件名称上双击，此时，将出现一个文本框，用户可在该文本框中直接输入元件的新名称，如图 6.5.2 所示。

图 6.5.2 更名前和更名后的库面板

四、创建库文件夹

如果用户在一个文件中创建了多个元件后，为了更好地管理这些元件，可以使用库文件夹管理库中的元件，使用户能更方便地使用库中的元件。创建库文件夹的具体操作如下：

（1）单击库面板下方的"新建文件夹"按钮，即可在库面板中创建一个文件夹，并等待用户为其命名，如图 6.5.3 所示。

（2）直接在文本框中输入名称，或按"Delete"键删除文件夹名称后再输入文字，即可重命名该文件夹，如图 6.5.4 所示。

　　　　图 6.5.3　创建库文件夹　　　　　　　　图 6.5.4　重命名库文件夹

（3）新创建的库文件夹中没有任何元件，如果要将某个元件存放在该文件夹中，可单击选中该元件，按住鼠标不放将其拖至库文件夹上，即可将该元件存放在库文件夹中，如图 6.5.5 所示。

　　　　拖动时　　　　　　　　　　拖进后　　　　　　　　　　打开后

图 6.5.5　将元件拖至库文件夹中

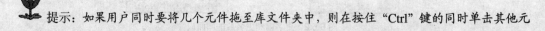

注意：当用户将元件拖至库文件夹中后，库文件夹由 形状变成了 形状，当用户打开了库文件后，其形状就变成了 形状。

提示：如果用户同时要将几个元件拖至库文件夹中，则在按住"Ctrl"键的同时单击其他元件将它们同时选中，再使用同样的方法将它们拖至库文件夹中即可。

五、使用库

创建元件后，用户可以直接在库面板中对库中的元件进行编辑等操作，具体操作如下：

（1）在菜单栏中选择 窗口(W) → 库(L) Ctrl+L 命令，打开库面板，如图 6.5.6 所示。库面板中各按钮的功能如下：

"新建元件"按钮 ：单击该按钮，即可弹出"新建元件"对话框，用户可在该对话框中设置元件的各项参数。

"新建文件夹"按钮 ：单击该按钮，即可在当前的库中新建一个库文件夹。

"属性"按钮 ：单击该按钮，即可弹出"元件属性"对话框，如图 6.5.7 所示。单击 编辑(E) 按钮，即可进行该元件的编辑模式，单击 高级 按钮，即可展开该元件属性的高级选项，如图 6.5.8 所示，用户可通过该对话框查看元件的属性设置。

图 6.5.6 库面板

图 6.5.7 "元件属性"对话框

"删除"按钮 ：单击该按钮，即可删除选中的库元件或库文件夹。

"固定当前库"按钮 ：单击该按钮，即可使当前库面板一直悬浮于工作窗口中。

"新建库面板"按钮 ：单击该按钮，即可新建一个库面板。

"宽视图"按钮 ：单击该按钮，即可使库面板以宽视图显示，如图 6.5.9 所示。

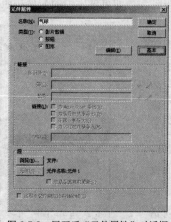

图 6.5.8 展开后"元件属性"对话框

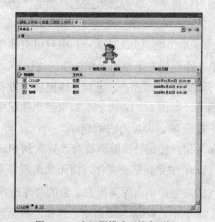

图 6.5.9 宽视图模式下的库面板

"窄视图"按钮 ：单击该按钮，即可使库面板以窄视图，即默认的视图显示。

（2）如果用户要使用库中的元件，可在库中单击选中该元件后，将其拖至舞台中，如图 6.5.10 所示。

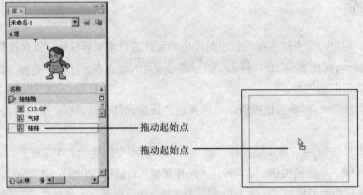

图 6.5.10　将库中的元素拖至舞台中

（3）库面板的编辑区中分别列出了元件的名称、类型、使用次数、链接和修改日期，如图 6.5.11 所示。

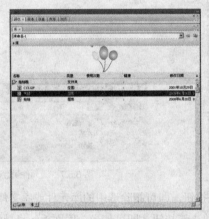

图 6.5.11　库面板中的项目

用户可以按照需要对库面板中的元件进行排列，只需在该列的列标题上单击，即可使库中的元件按照列标题进行排序。单击 修改日期 右侧的"切换排序"按钮，即可使库中的元件按照升序或降序排列。

（4）为了适当地减小文档大小，用户可将库中未使用的元件删除，单击库面板右上角的"库选项"按钮，从弹出的子菜单中选择 选择未用项目 命令，此时，库面板中没有被使用过的元件均被选中，如图 6.5.12 所示。如果要删除选中的元件，单击"删除"按钮，即可将它们删除。

（5）如果用户使用外部编辑器修改导入到 Flash 中的文件，则可以在 Flash 中更新这些文件，而无须重新导入。在库面板中选中导入的对象，单击库面板右上角的"库选项"按钮，从弹出的子菜单中选择 更新… 命令，弹出"更新库项目"对话框，如图 6.5.13 所示。单击 更新(U) 按钮，即可使用外部文件的内容更换当前的内容。

图 6.5.12　选择库中未使用的元件

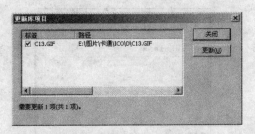

图 6.5.13　"更新库项目"对话框

第六节　公共库资源

在 Flash 中，用户不仅可以使用自己创建的元件库中的元件，还可以使用系统自带的公共库中的资源，快速创建动画。

一、使用默认公共库

Flash 系统自带的公共库中提供了大量的公用元件，用户在创建动画时可直接调用公共库中的元件以提高创作的速度。如果要调用公用元件库中的元件，具体操作如下：

（1）创建一个 Flash 文档，并使用选择工具 选取图层与当前帧。

（2）在菜单栏中选择 窗口(W) → 公用库(B) 命令，弹出其子菜单，在其中选择"学习交互"、"按钮"、"类"命令，即可打开相应的公共库，如图 6.6.1 所示。

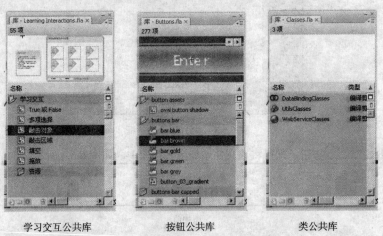

学习交互公共库　　　　　　按钮公共库　　　　　　类公共库

图 6.6.1　默认公共库

（3）在库面板中单击选择合适的元件，按住鼠标不放将其拖至舞台中，即可像使用其他元件一样进行各种操作，如图 6.6.2 所示。

注意：默认公共库中的元件不能进行修改，如果用户修改了公共库中的元件，则所有使用过该元件的 Flash 文件都会自动发生改变。

图 6.6.2　舞台中的学习交互元件

二、建立新的公共库

虽然 Flash 自带了大量的公共库供用户使用，但公共库中的元件也不能完全满足用户的要求，因此，用户可以根据创作需要，建立自己的公共库，然后将它们应用于动画文件中，具体操作如下：

（1）制作一个 Flash 文档，整理好其库面板中的各个元件。

（2）在菜单栏中选择 文件(F) → 另存为(A)... Ctrl+Shift+S 命令，在弹出的"另存为"对话框中找到该软件的安装目录，并打开安装公共库的文件夹，如图 6.6.3 所示。如果用户使用默认方式安装，其安装路径应该为 C:\Program Files\Adobe\Flash CS3\zh_cn\Configuration\Libraries。

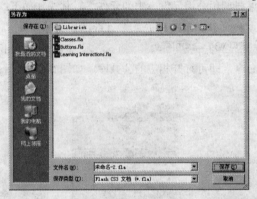

图 6.6.3　"另存为"对话框

（3）单击 保存(S) 按钮，即可将该文件添加至公共库中，如图 6.6.4 所示。

添加前

添加后

图 6.6.4　公共库中的文件

（4）在菜单栏中选择 窗口(W) → 公用库(B) 命令，弹出其子菜单，此时可以发现，添加到公共库中的文件已显示在其子菜单中，如图 6.6.5 所示。

学习交互	学习交互
按钮	按钮
类	类
	花
添加前的子菜单	添加后的子菜单

图 6.6.5 添加公共库元件前后的公共库子菜单

三、建立共享库资源

用户可以将制作好的元件在不同的文件中共享，方法有以下 3 种。

1. 在库面板之间复制元件

用户可以直接将其他面板中的元件复制到新的库面板中使用，其具体操作如下：

（1）单击库面板上方的"新建库面板"按钮 ，同时打开两个文件的库面板，如图 6.6.6 所示。在其中一个库面板中单击文件名称右侧的下拉按钮 ，从弹出的下拉列表中选择包含另外一个库的文件名称，即可打开该文件中的库面板。

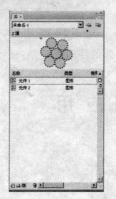

图 6.6.6 打开两个文件的库面板

（2）在原文件的库面板中按住"Ctrl"键选中要复制的元件，如图 6.6.7 所示。

（3）按住鼠标不放将它们拖至新的库面板中，松开鼠标后，即可在新的库面板中复制原库面板中选中的元件，如图 6.6.8 所示。

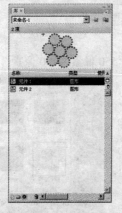
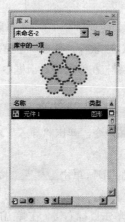

图 6.6.7 选中库中要复制的元件　　　　图 6.6.8 复制元件

2．在新文件中打开外部库

如果用户要在当前的 Flash 文档中使用其他文件的库，可以使用打开外部库的方法，打开其他文件库，具体操作如下：

（1）在菜单栏中选择 文件(F) → 导入(I) ▶ → 打开外部库(O)... Ctrl+Shift+O 命令，弹出"作为库打开"对话框，在该对话框中选择要打开的 Flash 文件，如图 6.6.9 所示。

（2）单击 打开(O) 按钮，即可打开选中文件的库面板，如图 6.6.10 所示。

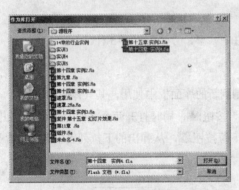

图 6.6.9　"作为库打开"对话框

图 6.6.10　打开选中文件的库面板

（3）选中需要的元件，使用鼠标将其拖至舞台上，即可使用该元件。

第七节　实例应用

通过本章的学习，制作如图 6.7.1 所示的倒影效果。

图 6.7.1　最终效果图

（1）启动 Flash CS3 软件，新建一个空白文档。

（2）按"Ctrl+J"键，在弹出的对话框中设置尺寸为"550 像素×400 像素"，背景颜色为"白色"，单击 确定 按钮。

（3）选择 文件(F) → 导入(I) ▶ → 导入到舞台(I)... Ctrl+R 命令，弹出"导入"对话框，如图 6.7.2 所示。

（4）选中要导入的图片，单击 打开(O) 按钮将其打开，如图 6.7.3 所示。

（5）选中图片，单击鼠标右键，在弹出的快捷菜单中选择"转换为元件"命令，弹出"转换为元件"对话框，

图 6.7.2　"导入"对话框

如图 6.7.4 所示。

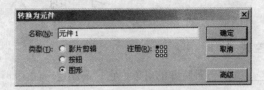

图 6.7.3　导入的图片　　　　　　　图 6.7.4　"转换为元件"对话框

（6）在"类型"选项区中选中"图形"单选按钮，单击 确定 按钮，将图片转换为元件。

（7）选择 窗口(W) → 库(L)　　　　　Ctrl+L 命令或按"Ctrl+L"键，打开库面板，如图 6.7.5 所示。

（8）从库面板中拖动"元件 1"到工作区中，则在工作区中就显示了"元件 1"的两个实例，如图 6.7.6 所示。

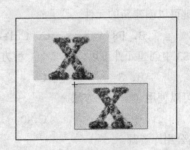

图 6.7.5　库面板　　　　　　　图 6.7.6　拖动元件 1 到场景中

（9）选中第 2 个实例，选择 修改(M) → 变形(T) ▶ 垂直翻转(V) 命令，将其垂直翻转 180°。

（10）使用工具箱中的选择工具 ，将翻转后的实例移动到另一个实例的下面，如图 6.7.7 所示。

（11）选中位于下面的实例，在属性面板的"颜色"下拉列表中选择"Alpha"选项，并在其后的文本框中输入"50%"，更改其透明度，如图 6.7.8 所示。

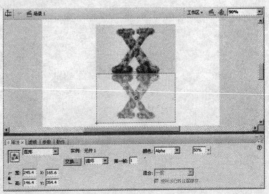

图 6.7.7　垂直翻转并移动图片　　　　　图 6.7.8　更改实例的透明度

至此，该效果已制作完成，按"Ctrl+Enter"键进行测试，效果如图 6.7.1 所示。

习　题　六

一、填空题

1. ＿＿＿＿＿＿是一种特殊的对象，它只需创建一次，即可在整个文件中重复使用。

2. 所谓＿＿＿＿＿就是元件在舞台中的应用，或者嵌套在其他元件中的元件。

3. 在整个 Flash 动画的制作过程中，需要用到很多素材，包括声音、元件、图片等，＿＿＿＿＿提供了保存这些对象的功能。

4. 所谓＿＿＿＿＿是指可重复使用的影片剪辑、按钮或图形等。

5. 元件可分为＿＿＿＿＿、按钮和＿＿＿＿＿。

6. ＿＿＿＿＿元件可以制作动画片段。

二、选择题

1. 按钮元件包括（　）几个状态帧。

　A. 弹起　　　B. 指针经过　　C. 按下　　　D. 点击

2. 按（　）键可以创建新的元件。

　A. Ctrl+F8　　　B. F8　　　C. Ctrl+F11　　　D. Ctrl+L

3. 在 Flash CS3 中创建元件可以使用（　）种方法。

　A. 2　　　　　B. 3　　　　C. 4　　　　D. 5

4. 编辑元件可以使用（　）种方法。

　A. 1　　　　　B. 2　　　　C. 3　　　　D. 4

5. （　）不是公用库资源。

　A. 学习交互库　　B. 按钮库　　C. 声音库　　D. 类库

三、上机操作题

1. 导入一幅图像，并将其转换为图形元件。

2. 在舞台中创建该图形元件的若干实例，并更改它的透明度。

第七章 创建动画

Flash 是一个功能强大的动画制作软件，使用该软件，用户不仅可以制作逐帧动画、引导层动画、遮罩动画、补间动画，还可以使用系统自带的脚本语言，制作复杂的交互动画，本章主要介绍各类动画的创建。

本章主要内容：
- ◆　使用场景
- ◆　时间轴特效的应用
- ◆　使用帧
- ◆　制作动画

第一节　初识动画

动画由一组图像序列组成，当快速连续观看这组图像序列时，就创建了动态的移动效果，即创建了动画效果。

在 Flash 中，用户可以创建两种类型的动画：逐帧动画和补间动画，它们的特点如下：

逐帧动画是最简单，也是最传统的制作动画的方法，用户需要将动画中每一帧的内容制作好，然后将它们按一定的顺序排列在一起，即可构成一个完整的动画，创建逐帧动画不仅浪费时间，而且占用内存空间也比较大。

补间动画可分为两种：运动补间和形状补间。补间动画只需制作特定过渡的起始帧和结束帧，当该组关键帧应用于运动补间时，Flash 会通过填充两个帧之间发生的变化来自行创建移动补间。形状补间用于改变图形的形状，在补间动画中，用户可以分别在不同的时间改变形状或绘制其他形状，Flash 会自动在两个时间点之间创建中间形状。由于补间动画存储的仅仅是帧之间的改变值，因此，补间动画的文件要小得多。

第二节　使用场景

在 Flash 中制作的动画，是由一个个场景组成的，场景的使用可以使用户更方便地组织动画。当用户制作的动画中有多个场景时，可在它们之间进行切换，也可以根据需要增加或删除场景，具体操作如下：

（1）在菜单栏中选择 窗口(W) → 其它面板(R) ▶ → 场景(S)　Shift+F2 命令，打开场景面板，如图 7.2.1 所示。该面板中列出了当前正在操作的动画文件中创建的场景数量，并且当前场景以反白显示，如果用户要切换到其他场景，在场景名称上单击即可进行切换。

❀ 提示：选择 视图(V) → 转到(G) 命令，在其子菜单中选择场景名可在多个场景之间进行切换。

（2）单击"添加场景"按钮 ，即可在当前场景的下方添加一个新的场景，如图 7.2.2 所示。

图 7.2.1　"场景"面板　　　　　　　　图 7.2.2　添加场景

（3）单击"删除场景"按钮 ，弹出如图 7.2.3 所示的提示框，提示用户是否真的要删除该场景，单击 确定 按钮，即可将当前选中的场景删除。

（4）单击"直接复制场景"按钮 ，即可将当前选中的场景复制一个，并且该场景名称后面多了"副本"字样，如图 7.2.4 所示。

图 7.2.3　提示框　　　　　　　　　　图 7.2.4　复制场景

（5）双击场景面板中的场景名称，当出现文本框时，即可为该场景重命名，再次单击鼠标，新的场景名已替换了原来的场景名称。

🌷 提示：单击工作窗口右上角的"编辑场景"按钮 ，即可在其弹出的下拉列表中选择场景名进行切换。

第三节　时间轴特效的应用

使用 Flash 预建的时间轴特效，可以让用户使用最少的步骤创建复杂的动画。时间轴特效可以应用到文本、图形（包括形状、组合及图形元件）、位图图像、按钮元件和影片剪辑中。

一、时间轴特效的类型

在 Flash 中，时间轴特效可分为变形/转换、效果和帮助，用户可根据需要选择不同的时间轴特效。

1. 变形/转换

（1）变形：调整选中元素的位置、缩放比例、旋转、Alpha 和色调。"变形"特效可应用单一特效或特效组合，从而产生淡入/淡出、放大/缩小以及左旋/右旋的特效。

（2）转换：使用淡化、擦除或两种特效的组合向内擦除或向外擦除选中的对象。

2．效果

（1）分离：使用该特效可以产生对象发生爆炸的感觉，可以使文本或复杂对象组（元件、形状或视频片断）的元素裂开、自旋和向外弯曲。

（2）展开：在特定时间内放大、缩小或者既放大又缩小对象。该特效对组合在一起或在影片剪辑、图形元件中组合的两个或多个对象及包含文本或字母的对象上使用时效果最好。

（3）投影：在选取的对象下方创建阴影。

（4）模糊：通过更改对象在特定时间内的 Alpha 值、位置或比例，创建运动模糊效果。

3．帮助

（1）分散式直接复制：将选取的对象按设置的次数进行复制，且第一个元素是原始对象的副本。对象将按一定增量发生改变，直至完成指定次数的复制。

（2）复制到网格：按列数直接复制选取对象，然后乘以行数，以创建元素的网格。

二、为对象添加时间轴特效

用户可以向对象添加时间轴特效，具体操作如下：

（1）选中需要添加时间轴特效的对象，如图 7.3.1 所示。

（2）在菜单栏中选择 插入(I) → 时间轴特效(E) 命令，在其子菜单中根据需要选择一种特效，本例中选择 效果 → 分离 命令，弹出"分离"对话框，如图 7.3.2 所示。

图 7.3.1　选取对象

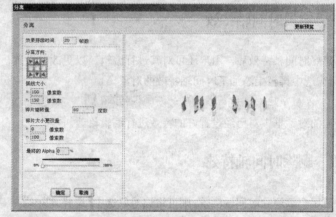

图 7.3.2　"分离"对话框

该对话框中各选项的含义如下：

1）效果持续时间：用户可在其右侧的文本框中输入数值确定模糊效果的持续时间。

2）分离方向：用户可单击其下方的方向按钮设置分离效果的方向，可选中左上方、上方中心、右上方、左下方、下方中心或右下方。

3）弧线大小：该选项用于设置分离效果的弧度，可在其下方的文本框中输入数值确定弧度。

4）碎片旋转量：用户可在该文本框中输入数值确定分离后对象碎片的旋转程度。

5）碎片大小更改量：该选项用于设置碎片大小的更改幅度，可在其下方的文本框中输入数值确定碎片大小的更改幅度。

6）最终的 Alpha：该选项用于设置分离效果的不透明度，该值越小，其效果越透明。

（3）设置好参数后，单击 更新预览 按钮，即可在右侧的预览框中预览其效果，如果用户对创建的效果满意，单击 确定 按钮即可。

此时，Flash 将创建一个新层并将对象移至该层，且特效所需的所有补间和变形都位于新建图层上的图形中。该新图层的名称与时间轴特效的名称相同，而且其后会附加一个数字，代表在文档内的所有特效中应用此特效的顺序，如图 7.3.3 所示。

当用户向对象添加时间轴特效后，系统将自动在库中创建一个具有该特效名称的文件夹，并在库中添加一个创建该特效时使用的元件，如图 7.3.4 所示。

图 7.3.3　添加时间轴特效后的时间轴　　　　图 7.3.4　添加时间轴特效后的库面板

三、编辑时间轴特效

创建好时间轴特效后，用户还可对其进行编辑，以更改其设置，具体操作如下：

（1）选中舞台上添加了时间轴特效的对象。

（2）在菜单栏中选择 修改(M) → 时间轴特效(E) ▶ → 编辑特效(D) 命令，此时，即可在弹出的对话框中对已经设置好的特效进行编辑修改。

四、删除时间轴特效

如果用户要删除时间轴特效，则可将该对象选中，选择 修改(M) → 时间轴特效(E) ▶ → 删除特效(R) 命令即可。

第四节　使　用　帧

在 Flash 中创建动画，实际上就是改变动画中不同帧内的图像画面，并根据要制作的动画效果，在不同的位置插入不同类型的帧。

一、帧的类型

在 Flash 中，帧可以分为普通帧和关键帧。

1．普通帧

普通帧在时间轴上显示为一个个的单元格，如果该帧没有内容，显示的是空白的单元格，反之，则显示出特定的颜色。普通帧一般跟在关键帧的后面，用以表示动画的延续。

2．关键帧

关键帧是定义在动画中变化的帧，当该关键帧中有内容时，在时间轴上以一个实心黑点表示，反之，以一个空心点表示，如图 7.4.1 所示。

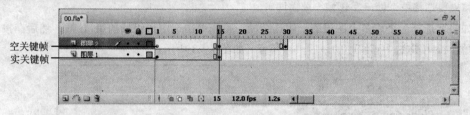

图 7.4.1　时间轴中的帧

二、动画中帧的表示方式

用户在创建动画时，时间轴面板中会将创建的动画类型以不同的方式表示，如图 7.4.2 所示。

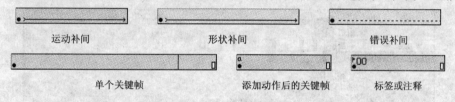

图 7.4.2　帧的表示方式

（1）运动补间动画的关键帧是黑色的实关键帧，关键帧之间通过黑色箭头连接，单元格为浅蓝色背景。

（2）形状补间动画的关键帧是黑色的实关键帧，关键帧之间通过黑色箭头连接，单元格为浅绿色背景。

（3）如果动画的关键帧之间是连接的虚线，表示补间被打断或不完整。

（4）单个关键帧以黑色实心圆点表示，关键帧后面的浅灰色帧表示帧的内容没有发生变化。

（5）如果关键帧上面有个小写的字母"a"，则表示该帧被添加了动作。

（6）如果关键帧上面有个"小红旗"，则表示该帧被设置了标签。

三、编辑帧

在制作动画时，经常要根据创作需要，进行插入帧、复制帧、移动帧等帧的编辑操作，下面分别介绍这些操作。

1．插入帧

用户可以在动画的制作过程中，随时向动画中插入帧，具体操作如下：

（1）在时间轴中单击选中要插入帧的位置，选择 插入(I) → 时间轴(T) → 帧(F)　　　　 F5 命令，即可在该位置插入一个普通帧，也可按"F5"键快速插入一个普通帧。

（2）如果用户要插入关键帧，可在菜单栏中选择 插入(I) → 时间轴(T) ▶ → 关键帧(K) 命令，也可按"F6"键快速插入一个关键帧。

（3）如果用户要插入空白关键帧，可在菜单栏中选择 插入(I) → 时间轴(T) ▶ → 空白关键帧(B) 命令，也可按"F7"键快速插入一个空白关键帧。

2．选择帧

用户要对帧进行操作，首先必须选中该帧，选中帧的方法如下：

（1）如果要选择单个帧，在该帧上单击即可。

（2）如果要选择一个或多个图层的一组连续帧，首先单击选中该组帧的第 1 帧，然后在按住"Shift"键的同时单击选中该组帧的最后一帧即可，如图 7.4.3 所示。

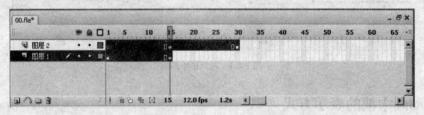

图 7.4.3　同时选中连续的多帧

（3）如果要选择一组非连续帧，先按住"Ctrl"键，然后单击选择各帧即可，如图 7.4.4 所示。

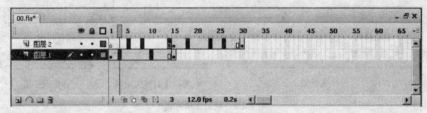

图 7.4.4　同时选中非连续帧

（4）如果要选择舞台中的所有帧，按"Ctrl+Alt+A"键即可。

3．复制、删除、清除和移动帧

用户可对创建好的动画中的帧进行复制、删除、清除和移动操作，具体操作方法如下：

（1）如果用户要复制帧，可先将其选中，选择 编辑(E) → 时间轴(M) ▶ → 复制帧(C)　　　　　　　　Ctrl+Alt+C 命令，然后将鼠标移至需要粘贴该帧的地方单击，选择 编辑(E) → 时间轴(M) ▶ → 粘贴帧(P)　　　　　　　　Ctrl+Alt+V 命令即可。

（2）如果用户要删除帧或帧序列，可先将其选中，然后选择 编辑(E) → 时间轴(M) ▶ → 删除帧(R)　　　　　　　　Shift+F5 命令，即可将其删除，此时，被删除帧的后续帧将自动向前移动，如图 7.4.5 所示。

（3）如果用户要清除不用的帧，可选择 编辑(E) → 时间轴(M) ▶ → 清除帧(L)　　　　　　　　Alt+Backspace 命令，该方法只清除所选的帧，不影响被清除帧后面的帧，如图 7.4.6 所示。

（4）如果用户要移动帧或帧序列，可先将该帧或帧序列选中，然后按住鼠标不放，将其拖至另一位置，即可将帧或帧序列移动，如图 7.4.7 所示。

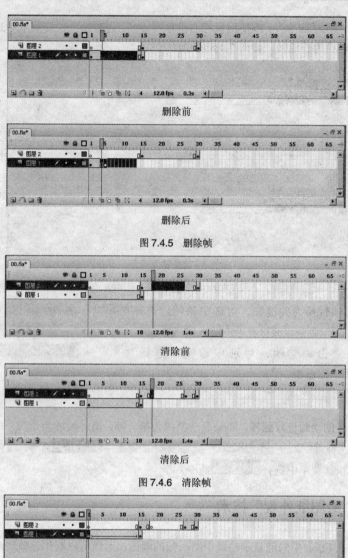

图 7.4.5　删除帧

图 7.4.6　清除帧

图 7.4.7　移动帧

4．改变动画长度

如果要改变动画的长度，向左拖动起始关键帧或向右拖动结束关键帧即可。

5．关键帧与普通帧的转换

要将关键帧转换为普通帧，可先单击选中该帧，然后选择 修改(M) → 时间轴(M) 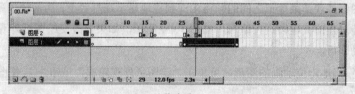 →

清除关键帧(A)　　　　　Shift+F6　命令，或使用鼠标右键单击该帧，在弹出的快捷菜单中选择 清除关键帧
命令即可将关键帧转换为普通帧，如图 7.4.8 所示。

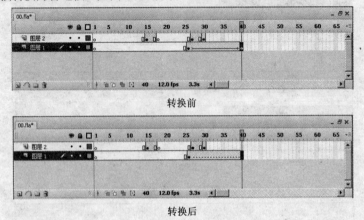

转换前

转换后

图 7.4.8　将关键帧转换为普通帧

如果要将普通帧转换为关键帧，可选中该帧后选择 修改(M) → 时间轴(M)　　　　　　　▶ →
转换为关键帧(K)　　F6　命令，或选择 插入(I) → 时间轴(T)　　　　　▶ → 关键帧(K) 命令即可；如果要
将普通帧转换为空白关键帧，可选中该帧后选择 修改(M) → 时间轴(M)　　　　　　▶ →
转换为空白关键帧(B) F7　命令。

6．翻转帧

用户可将创建好的动画进行翻转，即最后一帧成为第一帧，第一帧成为最后一帧。方法是先使用
鼠标选中帧序列，选择 修改(M) → 时间轴(M)　　　　　　▶ → 翻转帧(R) 命令，或使用鼠标右键单击
帧序列，从弹出的快捷菜单中选择 翻转帧(R) 命令。

四、使用"绘图纸外观"技术

默认情况下，在 Flash 中只能显示动画中某一帧的画面，而当用户制作逐帧动画时，需要给每帧
定位，此时，就可以使用"绘图纸外观"技术，利用它可以同时显示或编辑多帧，具体操作如下：

（1）如果要查看舞台上动画中的若干帧，可单击"绘图纸外观"按钮 ，此时，位于绘图纸外
观开始标记和绘图纸外观结束标记之间的帧将由深到浅地显示在舞台上，当前帧的颜色最深，其他帧
颜色较浅，且只能对当前关键帧进行编辑，如图 7.4.9 所示，如果要改变绘图纸外观标记的位置，单
击该标记左右拖动即可。

（2）为了更精确地定位动画的图形，可单击"绘图纸外观轮廓"按钮 ，使图形以轮廓模式显
示，如图 7.4.10 所示。

（3）如果用户想同时编辑舞台上的多个帧，可单击"编辑多个帧"按钮 ，此时，位于绘图纸
外观开始标记与结束标记之间的关键帧都将以实色显示，如图 7.4.11 所示。

利用编辑多帧功能，可同时对舞台上的多个对象进行操作，也可以使用该功能移动舞台上的所有
图形，而无须一帧一帧地移动，具体操作如下：

1）将所有要移动的层都显示出来，如果有锁定的图层，先将其解锁。

2）单击"编辑多个帧"按钮 ，打开多帧编辑功能。

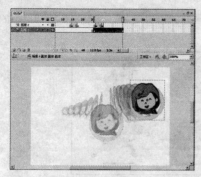

图 7.4.9 显示多帧

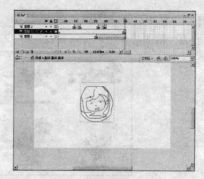

图 7.4.10 以轮廓模式显示图形

3）拖动"绘图纸外观"标记，使它们将要移动的所有帧都包含在内。

4）选择 编辑(E) → 全选(L) 命令，选中所有帧。

5）使用鼠标移动选中的对象，即可将它们移到新的位置，如图 7.4.12 所示。

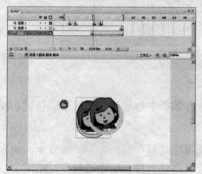

图 7.4.11 编辑多个帧

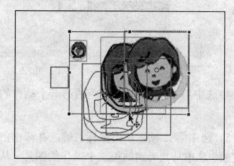

图 7.4.12 移动整个动画

（4）如果用户要改变"绘图纸外观"标记的显示，可单击"修改绘图纸标记"按钮，从弹出的下拉列表中选择相应的选项进行设置。该下拉列表包含 5 个选项，即总是显示标记、锚定绘图纸、绘图纸 2、绘图纸 5 和绘制全部。

1）总是显示标记：无论是否打开绘图纸外观，都在时间轴中显示绘图纸外观标记。

2）锚定绘图纸：默认情况下，绘图纸外观区域随着播放指针位置的改变而变化，选择该选项，无论播放头位置如何改变，绘图纸外观区域始终保持不变。

3）绘图纸 2：在当前帧左右两边各显示两个帧。

4）绘图纸 5：在当前帧左右两边各显示 5 个帧。

5）绘制全部：显示当前帧左右两边的所有帧。

第五节　制作逐帧动画

创建逐帧动画，需要将每个帧都定义为关键帧，然后给每个帧创建不同的图像，每个新关键帧最初包含的内容和它前面的关键帧是一样的，因此它可以递增地修改动画中的帧。逐帧动画将会改变每一帧中的图像，它适合于制作每一帧中的图像都在变化而不是仅仅简单地在舞台中移动的复杂动画。

下面通过制作一个实例，讲解逐帧动画的制作，具体步骤如下：

（1）单击工具栏中的"新建"按钮，新建一个 Flash 文档。

（2）在菜单栏中选择 文件(F) → 导入(I) ▶ → 导入到库(L)... 命令，导入如图 7.5.1 所示的一幅图片。

图 7.5.1　导入的图片

（3）在图层 1 的第 8 帧按"F5"键插入一个普通帧，然后在每一帧中添加马儿奔跑时的每一个动作，如图 7.5.2 所示。

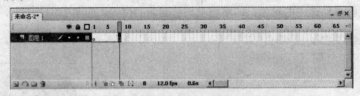

图 7.5.2　插入普通帧

（4）选中第 1 帧，将马儿奔跑的第一个动作的图片从库面板中拖动到舞台的中心位置，如图 7.5.3 所示。

（5）选中第 2 帧，单击鼠标右键，在弹出的快捷菜单中选择 插入空白关键帧 命令，插入一个空白关键帧。选中马儿奔跑的第二个动作的图片，从库面板中拖动到舞台的中心位置，如图 7.5.4 所示。

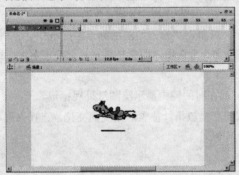 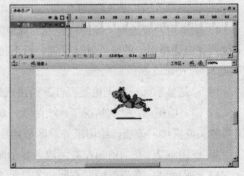

图 7.5.3　在第 1 帧中导入图片　　　　　　　图 7.5.4　在第 2 帧中导入图片

（6）重复步骤（4）～（5）的操作，分别在第 3～8 帧中拖入马儿奔跑的每一个图片，如图 7.5.5 所示。

图 7.5.5　马儿奔跑的图片

图 7.5.5（续） 马儿奔跑的图片

（7）添加完成后，按"Ctrl+Enter"键测试动画。

第六节 制作引导层动画

引导层是一个特殊图层，它的作用是使对象沿着引导层中的路径运动。引导层不能导出，因此不会显示在发布的 SWF 文件中。

引导层动画最少需要两个图层：一个是一般图层，里面存放着对象；另一个是引导层，该图层中存放着对象运动的路径。

一、创建引导层

用户可以将任何图层作为引导层，创建引导层的方法有以下两种：

（1）单击时间轴面板下方的"添加运动引导层"按钮，即可在当前图层上方创建该层的引导层，如图 7.6.1 所示。

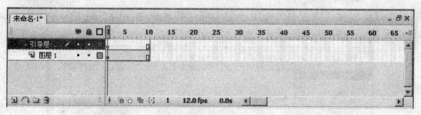

图 7.6.1 添加运动引导层

（2）可将普通图层转换为引导层，只需使用鼠标右键单击该图层，从弹出的快捷菜单中选择 引导层 命令将该图层设置为运动引导层，再次选择该命令，即可将其转换为普通图层。

二、制作有运动引导层的 Flash 动画

下面通过制作一个实例，讲解引导层动画的制作，具体操作步骤如下：

（1）单击工具栏中的"新建"按钮，新建一个 Flash 文档，在文档属性面板上将其背景颜色设置为"蓝色"。

（2）在菜单栏中选择 文件(F) → 导入(I) ▶ → 导入到舞台(I)... Ctrl+R 命令，导入如图 7.6.2 所示的一幅图片。

（3）按"Ctrl+B"键将导入的位图图像打散，使用魔术棒工具 将狐狸中多余的部分选中后删掉，并将其转换为元件，如图 7.6.3 所示。

图 7.6.2　导入的图片

图 7.6.3　将位图图像转换为元件

（4）单击时间轴面板下方的"插入图层"按钮 ，新建图层 2，使用铅笔工具 绘制如图 7.6.4 所示的草地。

（5）单击时间轴面板下方的"插入图层"按钮 ，新建图层 3，将其命名为"背景"，选择 文件(F) → 导入(I) ▶ → 导入到舞台(I)... Ctrl+R 命令，导入一幅天空的图片，单击选中背景层，将其移至草地层的下方，如图 7.6.5 所示。

图 7.6.4　绘制的草地

图 7.6.5　导入图片并移动图层

（6）单击狐狸图层使其成为当前图层，单击时间轴面板下方的"添加引导图层"按钮 ，为狐狸图层添加引导层，如图 7.6.6 所示。

图 7.6.6　添加引导图层

（7）选中引导层，使用线条工具 绘制如图 7.6.7 所示的引导线。

图 7.6.7　绘制的引导线

（8）在工具箱中选择选择工具 ，单击该工具选项区中的"贴紧至对象"按钮 🧲 。

（9）单击选中狐狸图像，此时，狐狸中央出现一个小圆圈，将其拖至引导线附近，当狐狸中央的小圆圈变大后松开鼠标（见图 7.6.8），狐狸就吸附在引导线上了，如图 7.6.9 所示。

图 7.6.8　拖动狐狸图像

图 7.6.9　狐狸吸附在引导线上

（10）单击引导层的第 30 帧，按"F5"键插入一个普通帧。

（11）重复上一步操作，分别在背景层和草地层的第 30 帧处按"F5"键插入普通帧，使背景层和草地层在整个动画过程中都出现。

（12）单击狐狸图层的第 30 帧，按"F6"键插入一个关键帧，如图 7.6.10 所示。

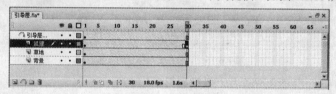

图 7.6.10　插入关键帧

（13）使该关键帧保持选中状态，在舞台上移动狐狸的位置，但必须保持狐狸吸附在引导线上，如图 7.6.11 所示。

（14）在狐狸移动前后的两个关键帧之间的任一帧单击，在属性面板中的 补间 下拉列表中选择"动画"选项，即可在这两个关键帧之间创建运动补间，如图 7.6.12 所示。

图 7.6.11　移动狐狸的位置

图 7.6.12　创建运动补间

（15）单击选中狐狸图层中的第 1 帧，使用任意变形工具 🔧 调整狐狸的旋转角度，如图 7.6.13

所示。

（16）单击选中狐狸图层中的最后一帧，使用任意变形工具 调整狐狸的大小及倾斜角度，如图 7.6.14 所示。

　　图 7.6.13　调整狐狸的旋转角度　　　　　　　图 7.6.14　调整狐狸的大小及倾斜角度

（17）单击选中狐狸图层中的第一帧，然后在该元件属性面板中选中 调整到路径 复选框，同时保证"同步"和"贴紧"复选框也处于选中状态，如图 7.6.15 所示。

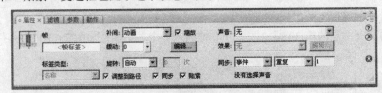

图 7.6.15　调整图形与路径的关系

（18）按"Ctrl+Enter"键测试影片，效果如图 7.6.16 所示。

图 7.6.16　制作的引导层动画

第七节　　制作遮罩动画

遮罩动画中的图层由遮罩层和被遮罩层组成。遮罩层把与它相关联的图层的内容遮挡起来，只有在遮罩层上有填充内容的地方才会显示出下面相关图层的内容，即遮罩动画表现出来的外观由遮罩层的形状决定。

一、创建遮罩图层

在 Flash 中创建遮罩图层的具体操作如下：

（1）选择或创建一个图层，选择菜单栏中的 文件(F) → 导入(I) ▶ →
导入到舞台(I)... Ctrl+R 命令，导入一张图片，如图 7.7.1 所示。

（2）单击时间轴面板下方的"插入图层"按钮 🔲，新建图层 2，使用椭圆工具 🔘 绘制一个正圆，
如图 7.7.2 所示。

图 7.7.1　导入图片 　　　　　　　　　　　　图 7.7.2　绘制正圆

注意：因为遮罩层通常是对其紧挨着的下一层起遮罩作用，所以一定要确保创建的遮罩层在
受它影响的图层之上。

（3）使用鼠标右键单击图层 2，在弹出的快捷菜单中选择 遮罩层 命令，即可将该图层设置为遮
罩层，如图 7.7.3 所示。

此时可以发现，除了被正圆遮住的部分显示出来以外，其他部分都不被显示，如图 7.7.4 所示。

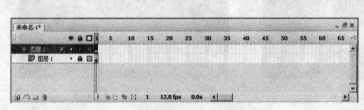 

图 7.7.3　创建遮罩图层 　　　　　　　　　　图 7.7.4　遮罩效果

注意：将图层转换为遮罩层后，系统将用一个遮罩层图标来标记。遮罩层下方的图层将被链
接到遮罩层，其内容会透过遮罩层上的填充区域显示出来，并且被遮罩图层的名称将以缩进形式显示，
其图标也会被更改为一个被遮罩的图层的图标。

提示：将一个普通图层拖至遮罩层下方，该图层即可成为被遮罩层。

二、制作有遮罩层的 Flash 动画

下面通过制作一个实例讲解遮罩层动画的制作，具体操作步骤如下：

（1）单击工具栏上方的"新建"按钮 ▢，新建一个 Flash 文档，在文档属性面板上将其背景颜
色设置为"白色"。

（2）选择菜单栏中的 文件(F) → 导入(I) ▶ 导入到舞台(I)... Ctrl+R 命
令，导入一张图片，如图 7.7.5 所示，并将图层名称改为"图片"。

（3）将导入的图片选中后按下"Ctrl+B"键将其打散，然后单击鼠标右键，将其转换为图形元

件，如图 7.7.6 所示。

图 7.7.5　导入的图片

图 7.7.6　转换为图形元件

（4）使用鼠标单击该层中的第 60 帧，按"F5"键插入一个普通帧。

（5）单击时间轴面板下方的"插入图层"按钮 ，新建图层 2，将图层名称改为"正圆"，选择工具箱中的椭圆工具 ，绘制圆形，如图 7.7.7 所示。

（6）分别在正圆图层的第 20 帧、第 40 帧和第 60 帧处插入关键帧。

（7）单击选中第 20 帧，将圆形移动一段距离，如图 7.7.8 所示。

图 7.7.7　绘制圆形

图 7.7.8　移动圆形的位置

（8）重复步骤（7）的操作，在第 40 帧和第 60 帧分别将椭圆移动不同的位置，并使用鼠标右键单击第 1 帧至第 20 帧之间的任意一帧，在弹出的快捷菜单中选择 创建补间动画 命令。

（9）使用相同的方法在第 20 帧和第 40 帧、第 40 帧和第 60 帧之间创建补间动画，如图 7.7.9 所示。

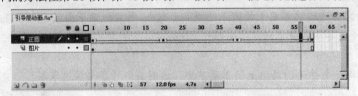

图 7.7.9　创建补间动画

（10）使用鼠标单击正圆图层，在弹出的快捷菜单中选择 遮罩层 命令，即可将正圆图层更改为遮罩层，如图 7.7.10 所示。

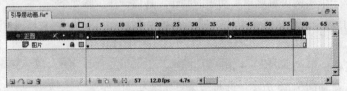

图 7.7.10　创建遮罩图层

（11）制作完成后，按"Ctrl+Enter"键测试影片，效果如图 7.7.11 所示。

图 7.7.11　效果图

第八节　制作运动补间动画

补间动画不同于逐帧动画，它只需定义动画开始和结束两个关键帧的内容，系统会自动在这两个关键帧之间创建过渡帧。运动补间可以使实例、组合或文本产生位置变换、尺寸缩放和平面旋转等运动效果。

一、制作有运动补间的 Flash 动画

下面通过制作一个实例，讲解运动补间动画的制作，具体操作步骤如下：

（1）单击工具栏上方的"新建"按钮 📄，新建一个 Flash 文档。

（2）选择文本工具 T，在舞台中输入文字"Good"，如图 7.8.1 所示。

（3）按"Ctrl+B"键将文字分散，在菜单栏中选择 修改(M) → 时间轴(M) ▶ → 分散到图层(D) 　　　Ctrl+Shift+D 命令，即可将这 4 个字母分散至 4 个图层中去，如图 7.8.2 所示。

图 7.8.1　输入文字　　　　　　　　　　　图 7.8.2　分散文字至图层

（4）使用鼠标单击选中"G"层，分别在第 10 帧和第 20 帧处按"F6"键插入一个关键帧，如图 7.8.3 所示。

（5）单击选中第 1 帧中的字母，将其移至舞台外，放置于右下角的空白区域，如图 7.8.4 所示。

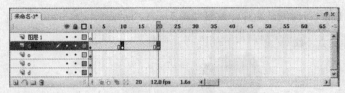

图 7.8.3　插入关键帧　　　　　　　　　　　图 7.8.4　将字母移至舞台外

（6）单击选中第 10 帧中的字母，将其移至舞台右上角，如图 7.8.5 所示。

（7）单击选中第 20 帧中的字母，将其移至舞台中心偏左的位置，如图 7.8.6 所示。

图 7.8.5　将字母移至舞台右上角　　　　　图 7.8.6　将字母移至舞台中心偏左的位置

（8）选中图层"o"，单击第 1 帧，将其移至第 21 帧，如图 7.8.7 所示。

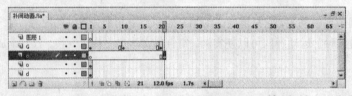

图 7.8.7　移动"o"层的关键帧

（9）重复步骤（5）～（7）的操作，将字母"o"移至"G"的旁边，如图 7.8.8 所示。

（10）选中第二个图层"o"，单击第 1 帧，将其移至第 41 帧，重复步骤（5）～（7）的操作，将字母"o"移至第一个"o"的旁边，如图 7.8.9 所示。

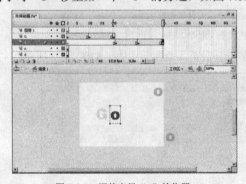

图 7.8.8　调整字母"o"的位置　　　　　　图 7.8.9　调整字母"o"的位置

（11）选中图层"d"，单击第 1 帧，将其移至第 61 帧，重复步骤（5）～（7）的操作，将第二个字母"G"移至第一个字母"G"的旁边，如图 7.8.10 所示。

（12）将所有图层的第 120 帧选中，按"F5"键插入一个普通帧，如图 7.8.11 所示。

（13）分别在字母图层中的 3 个关键帧之间创建运动渐变，如图 7.8.12 所示。

（14）单击选中图层"G"中第 1 帧的字母"G"，在其属性面板中单击 颜色 右侧的下拉按钮 ，从弹出的下拉列表中选择"Alpha"选项，将其值设置为"0"，如图 7.8.13 所示。

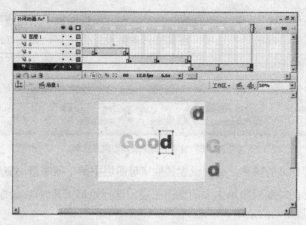

图 7.8.10 调整第 2 个 "G" 字母的位置

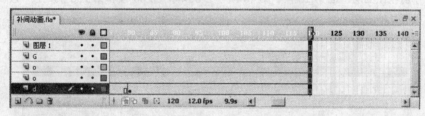

图 7.8.11 插入普通帧

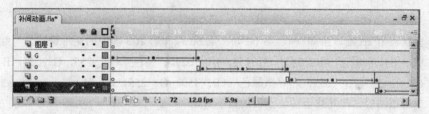

图 7.8.12 创建运动渐变

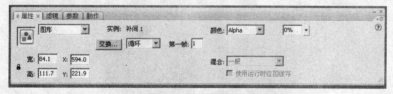

图 7.8.13 设置第 1 帧中字母的不透明度

（15）重复步骤（14）的操作，分别将其他字母图层中的第 1 帧的字母不透明度设置为 "0"。

（16）单击选中图层 "G" 中第 10 帧的字母 "G"，在其属性面板中单击**颜色**右侧的下拉按钮■，从弹出的下拉列表中选择 "Alpha" 选项，将其值设置为 "30"，如图 7.8.14 所示。

图 7.8.14 设置第 10 帧中字母的不透明度

（17）重复步骤（16）的操作，分别将其他字母图层中的第 10 帧的字母不透明度设置为 "30"。

（18）单击选中图层"G"中第 1 帧的字母"G"，在其属性面板中单击 旋转 右侧的下拉按钮 ，从弹出的下拉列表中选择"顺时针"选项，将其旋转次数设置为"1"，如图 7.8.15 所示。

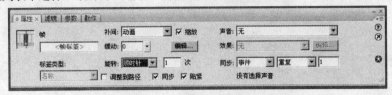

图 7.8.15 设置字母的旋转方向及次数

（19）重复步骤（18）的操作，分别设置其他字母图层中第 1 帧字母的旋转方向及次数。

（20）单击选中时间轴面板中最上方的空白图层，选择矩形工具 ，绘制一个无边、填充颜色为"绿色"、大小与背景相同的矩形。

（21）分别在该图层中的第 20 帧、第 40 帧、第 60 帧、第 80 帧和第 100 帧处按"F6"键插入一个关键帧，如图 7.8.16 所示。

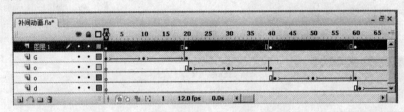

图 7.8.16 插入关键帧

（22）分别将第 20 帧、第 40 帧、第 60 帧、第 80 帧和第 100 帧中的矩形设置为"红色"（R：255，G：0，B：0）、"橙色"（R：255，G：153，B：102）、"黄色"（R：255，G：255，B：0）、"浅蓝色"（R：0，G：255，B：255）和"嫩绿色"（R：153，G：255，B：51）。

（23）选中该图层，将其移至图层面板的最下方。

至此，该动画已制作完成，按"Ctrl+Enter"键测试影片，效果如图 7.8.17 所示。

图 7.8.17 效果图

二、设置运动补间动画的属性

用户在制作运动补间动画时，可根据动画要求，利用其属性面板对动画进行旋转、减速等属性的设置，具体操作如下：

（1）选中制作的动画，打开其属性面板，如图 7.8.18 所示。

图 7.8.18　"动画"属性面板

该属性面板中各选项的含义如下：

1）选中 ☑缩放 复选框可使对象在运动时按比例进行缩放。

2）缓动：该选项用于设置对象在动画的开始或结束时减速，当该值为负时，表示对象开始运动时的速度慢，所做运动是一个由慢到快的加速运动；当该值为正时，表示对象在结束处减速，所做运动是由快到慢的减速运动。

3）单击 编辑... 按钮，可在弹出的对话框中自定义缓动设置。

4）旋转：该选项用于设置对象的旋转方向及次数。单击该选项右侧的下拉按钮▼，弹出其下拉列表，该列表中包含 4 个选项，即无、自动、顺时针和逆时针。

无：对象不做任何旋转。

自动：对象以最小的角度旋转到终点位置。

顺时针：对象沿顺时针方向旋转到终点位置，用户可在其文本框中设置旋转的次数。

逆时针：对象沿逆时针方向旋转到终点位置，用户可在其文本框中设置旋转的次数。

5）选中 ☑调整到路径 复选框，可命名对象沿路径运动，并随着路径的方向而改变自身的角度。

6）选中 ☑同步 复选框，可使图形实例在主场景中循环播放时首尾连贯。

7）选中 ☑贴紧 复选框，可使对象沿路径运动时自动捕捉路径。

🌸 提示：用户还可以在选中动画关键帧中的对象时，利用属性面板调整其颜色效果，包括色调、亮度和不透明度等。

（2）设置完成后，该属性面板中的参数就会应用到动画中去。

第九节　制作形状补间动画

形状补间动画跟运动补间动画相似，但它们最大的区别是：运动补间动画主要是指对象位置的移动，而形状补间动画是指对象形状的变化。

一、制作有形状补间的 Flash 动画

下面通过制作一个实例，讲解形状补间动画的制作，具体操作步骤如下：

（1）单击工具栏上方的"新建"按钮 □，新建一个 Flash 文档。

（2）使用文字工具在舞台上输入字母"C"，按"Ctrl+B"键将其打散，如图 7.9.1 所示。

（3）分别在该图层中的第 10 帧、第 20 帧、第 30 帧、第 40 帧和第 50 帧处按"F6"键插入关键帧，如图 7.9.2 所示。

图 7.9.1 将输入的文字打散

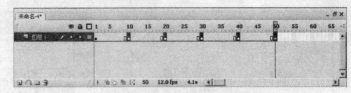

图 7.9.2 插入关键帧

（4）单击"编辑多帧"按钮 ，选中第 10 帧，使用文本工具在字母"C"的旁边输入字母"B"后将其打散，如图 7.9.3 所示，并将该帧中的字母"C"删除。

（5）重复步骤（4）的操作，分别在该图层中的第 20 帧、第 30 帧、第 40 帧和第 50 帧处输入字母"E"，"G"，"H"和"O"，如图 7.9.4 所示。

图 7.9.3 将字母"B"打散

图 7.9.4 输入其他字母

（6）分别选中字母"E"，"G"，"H"和"O"，将它们的填充颜色改为"绿色"、"黑色"、"橙色"和"紫色"。

（7）在第 1 帧和第 10 帧之间的任意一帧单击，在其属性面板的 补间 下拉列表中选择"形状"选项，即可在这两个关键帧之间创建形状补间，如图 7.9.5 所示。

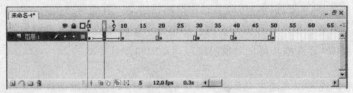

图 7.9.5 在第 1 帧和第 10 帧之间创建形状补间

（8）重复步骤（7）的操作，分别在其他关键帧之间创建形状补间，如图 7.9.6 所示。

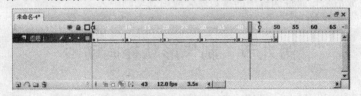

图 7.9.6 创建形状补间

至此，该动画已制作完成，可按"Ctrl+Enter"键测试影片。

二、使用变形参考点制作形状补间动画

用户在制作形状补间动画时，可以使用变形参考点控制原始图形与新图形间对应部位的变形，即让一个图形上的某一点变换到另一个图形上的某一点，使得对象之间的变形过渡不再是随机的，而是按照一定的规律进行变形。

变形参考点是一个有填充色的实心圆，该圆上面用一个小写的英文字母表示图形某个部位的名称，最多可以给图形中添加 26 个变形参考点。

使用变形参考点制作形状补间动画的具体操作如下：

（1）用鼠标单击已经创建好的形状补间动画的第 1 帧，将该帧中的图形选中。

（2）在菜单栏中选择 修改(M) → 形状(P)　　　　　　　▶ → 添加形状提示(A)　Ctrl+Shift+H
命令，即可在该图形的中心位置添加一个变形参考点，如图 7.9.7 所示。

（3）当用户将鼠标移至该变形参考点附近时，光标会显示为 ⁺⁺ 形状，此时，即可使用鼠标单击
选中该点，将其移至合适的位置，如图 7.9.8 所示。

（4）重复步骤（2）和（3）的操作，创建另一个变形参考点，如图 7.9.9 所示。

　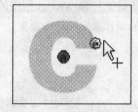　

图 7.9.7　添加变形参考点　　　图 7.9.8　移动变形参考点的位置　　　图 7.9.9　创建新的变形参考点

（5）重复步骤（1）～（4）的操作，分别为其他关键帧中的字母添加变形参考点。

至此，变形参考点已添加完成，可按"Ctrl+Enter"键测试影片。

三、设置形状补间动画的属性

用户在制作形状补间动画时，可根据动画要求，利用其属性面板对动画进行减速等属性的设置，
具体操作如下：

（1）选中制作的动画，打开其属性面板，如图 7.9.10 所示。

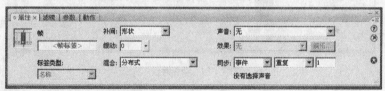

图 7.9.10　"形状补间动画"属性面板

该属性面板中各选项的含义如下：

1）缓动：该选项用于设置对象在动画的开始或结束时减速，当该值为负时，表示对象开始发
生形变时的速度慢，所做形变是一个由慢到快的加速过程；当该值为正时，表示对象在结束处减速，
所做形变是由快到慢的减速过程。

2）混合：该选项用于设置形状变化过程中的平滑程度，单击该选项右侧的下拉按钮 ▼，弹出
其下拉列表，该列表包含两个选项，即分布式和角形。

分布式：创建的动画中间形状更为平滑和不规则。

角形：创建的动画中间形状会保留有明显的角和直线。

（2）设置完成后，该属性面板中的参数就会应用到动画中去。

第十节　动作脚本的使用

Flash 是一个功能强大的动画制作软件，用户不仅可以利用它制作简单的逐帧动画及补间动画，

还可以使用其自带的动作脚本语言，创建复杂的交互式动画。

一、初识动作脚本

为了使用户与动画之间的交互性更强，Flash 提供了动作脚本，使用动作脚本，可以创建复杂的动画，例如：可以创建对象随着鼠标移动及精彩的 Flash 游戏等动画。

动作脚本是一套完整的编程语言，其语法与 JavaScript 程序的语法很相近，使用动作脚本，可通过对按钮、关键帧或动画片段设置一定的动作来实现动画效果。

二、动作面板

Flash 中的编程是在动作面板中进行的，选择 窗口(W) → 动作(A)　　　　　F9 命令，打开动作面板，如图 7.10.1 所示。

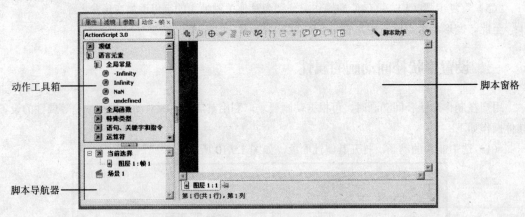

图 7.10.1　动作面板

1. 动作工具箱

动作工具箱中存放着 ActionScript 语言元素（函数、类、类型等）的分类列表，用户可以将列表中的语言元素选中后插入至脚本窗格中，以创建动画的动作脚本。使用动作工具箱中的语言为动画添加动作的方法如下：

（1）在动作工具箱中双击该列表中的某个选项，即可为动画添加动作。

（2）单击选中动作列表中的某个动作后，将其拖至脚本窗格中，即可为动画添加动作。

（3）使用鼠标右键单击某个动作，在弹出的快捷菜单中选择 添加到脚本 命令，可为动画添加动作。

（4）单击"将新项目添加到脚本中"按钮 ，即可从弹出的下拉列表中选择相应的动作脚本。

（5）用户也可在脚本窗格中直接输入语句，为动画添加动作。

2. 脚本窗格

用户可直接在脚本窗格中输入代码，它为用户创建脚本提供了必要的工具。在脚本窗格中，用户可以使用脚本窗格上方的控制按钮进行代码的语法格式设置和检查、代码提示、代码着色、调试以及其他一些简化脚本创建的功能，这些按钮的功能分别如下：

（1）"查找"按钮 ：允许用户查找并根据需要替换脚本中的文本字符串，可以替换应用该脚本的第一个实例或所有实例，还可以指定是否要求文本的大小写匹配。

（2）"插入目标路径"按钮 ⊕：在脚本中创建的许多动作都会影响影片剪辑、按钮和其他元件的实例。要将这些动作应用到时间轴上的实例上，需要设置目标路径作为目标的实例地址，可以设置其绝对或相对目标路径。

（3）"语法检查"按钮 ✔：可以检查 ActionScript 代码中的语法错误及代码块两边的小括号、大括号或中括号是否齐全，并将错误的语法列在"输出"面板中供用户查看。

（4）"自动套用格式"按钮 ≣：用于设置是系统自动还是用户手动设置代码格式及代码的缩进。还可以选择是否使用动态字体映射，以确保在处理多语言文本时使用正确的字体。

（5）"显示代码提示"按钮 ⊡：如果用户关闭了自动代码提示，可以使用"显示代码提示"手动显示正在编写的代码行的代码提示。

（6）"调试选项"按钮 ％：在脚本中设置和删除断点，以便在调试 Flash 文档时可以在停止后逐行跟踪脚本中的每一行。

（7）"脚本助手"按钮 ＼ 脚本助手 ：："脚本助手"将提示用户输入脚本的元素，可以使用户更轻松地向 Flash SWF 文件或应用程序中添加简单的交互性。

3. 脚本导航器

脚本导航器可显示包含脚本的 Flash 元素（影片剪辑、帧和按钮）的分层列表，使用它可在 Flash 文档中的各个脚本之间变换。

如果用户单击脚本导航器中的某一项目，则与该项目关联的脚本将显示在"脚本"窗格中，并且播放头将移到时间轴上的相应位置。如果使用鼠标双击脚本导航器中的某一项，则该脚本将被固定。

三、动作脚本的编写与调试

在 Flash 中，可以将编写的脚本嵌入到 FLA 文件中，也可以在计算机中存储为外部文件，如果用户要编写动作脚本 3.0 的类文件，必须将每一个类存储成与该类同名的外部文件。

如果用户要编写嵌入的脚本，可以使用动作面板并将该动作附加到按钮、影片剪辑或时间轴中的某一帧；如果要编写外部脚本文件，可以使用文本编辑器或代码编辑器来进行编写，然后再通过在 FLA 文件中使用"include 脚本文件名"语句调用该文件。

可以使用脚本编辑器进行检查、调试动作脚本。使用脚本编辑器，可以检查代码中的语法错误、代码的套用格式及大、小括号的匹配等。

四、ActionScript 常用术语

为了便于后面的学习，下面先介绍一些常用的 ActionScript 术语，以方便用户在使用时进行查找。

1. 动作

动作是在播放过程中指示动画响应触发事件时执行某个操作的语句。例如 gotoAndPlay 就是将播放头跳转到指定的帧或场景以继续播放动画。

2. 对象

对象是属性的集合。每个对象都有各自的名称，并且都是特定类的实例，它们都包含该类的所有

属性和动作。

3. 属性

属性用于定义对象的特性，例如_visible 是影片剪辑的一个属性，它就可以定义该影片剪辑是否可见。

4. 实例

实例是属于某个类的对象。类的每个实例都包含该类的所有属性。

5. 实例名称

实例名称是用来表示按钮对象或影片剪辑对象的唯一名字。例如，库中的元件名为 aa，而在动画中，可以对该元件的两个实例命名为 bb 和 cc。

6. 参数

通过参数设置可以把值传递给函数或动作。例如，通过参数 fullscreen 和 true，可以在执行 fscommand 动作时实现全屏效果。

7. 表达式

表达式是语句中能够产生一个值的任意组合，表达式通常由运算符和操作数组成。

8. 事件

事件是 SWF 文件播放时发生的动作，例如，在用户加载影片剪辑时，当播放头开始播放时，用户单击动画中创建的按钮或按下键盘中的键时，会产生不同的事件。

9. 事件处理函数

事件处理函数是处理或管理诸如 mouseDown 或 load 等事件的特殊动作。

10. 函数

函数是可以传送参数并能返回值的可重复使用的代码块。

11. 构造函数

构造函数用于定义类的属性和方法，是类定义中与类同名的函数。

12. 数据类型

数据类型是描述变量或动作脚本元素中可以包含的信息的种类。

13. 常数

常数是指在任何情况下都固定不变的元素，主要用于数值的比较。

14. 关键字

关键字是有特定意义的保留字。

15. 运算符

运算符是指能通过一个或多个值计算新值的符号。

16. 标识符

标识符是用来标明变量、属性、对象、函数或方法的名称。

17. 变量

变量是存储任意数据类型值的标识符，变量可以创建、更改或更新。

18. 布尔值

布尔值用来判断是否满足某个条件，其结果只能是真或假。

五、使用变量、表达式和函数

变量、表达式和函数是用户编写动作脚本的过程中最常用的元素，用户可以通过它们来实现特定的动画效果。

1. 变量

变量是存储信息的容器，它的名称一旦被确认，在整个动画的运行过程中，将始终保持不变，但它的值可以根据不同的需要进行重新设置。在播放动画时，通过变量可以记录和保存用户操作的信息，可以记录播放过程中更改的值或记录某些条件是真还是假。

变量可分为 3 种类型：逻辑变量、字符串变量和数值型变量。逻辑变量用于判断某个条件是否成立，该类变量的值只能为真或假；字符串变量用于保存用户名、地址名等字符信息，其值为包含在引号内的所有字符；数值型变量用于存储数值，且该值一般为整型。

用户在使用变量前，必须先为该变量命名，命名时必须遵守这些规则：变量名必须是标志符，且它不能是关键字或动作文本，它必须在其作用范围内是唯一的。

变量的名称一旦确定，用户还可以指定变量的作用范围，其范围可分为 3 种：本地变量在声明它们的函数体内可用，时间轴变量可在该时间轴上的任何脚本中使用，全局变量可在所有时间轴中使用。

2. 表达式

表达式是用来给变量赋值的语句，它由操作符和变量值一起组成。表达式可分为 3 种，即数值表达式、字符串表达式和逻辑表达式，用户可根据其用途选择表达式的类型。

（1）数值表达式：数值表达式可以为变量赋整数值，它由数字、数值型变量和算术操作符组成，例如，1＋2 就是最简单的数值表达式，而表达式 C1=C1+1 则使用了变量和数值，表示将当前变量 C1 加 1 后的值赋给变量 C1。

（2）字符串表达式：字符串表达式由字符串和字符串变量通过字符串操作符连接而组成，Flash CS3 将所有被双引号括起来的字符看做是字符串，它的内容可以是字符串变量、使用双引号括起来的文本或函数，例如，字符串表达式 "I" ＋ "LOVE" ＋ "YOU" 表示将字符串 I，LOVE 和 YOU 连接起来组成 "I LOVE YOU"。

（3）逻辑表达式：逻辑表达式用于表示执行指定动作时应具备的条件，它由逻辑操作符将数值表达式连接组成，通常用在 if 和 Loop 语句当中，例如，逻辑表达式 Number>=10 && Number<=100 表示当变量 Number 位于 10～100 之间时，执行指定的动作。

3．函数

用户可以使用函数传递参数和返回值，还可以自定义函数，来执行特定的操作。

（1）定义函数：函数和变量一样，都可以附加在定义它们的影片的时间轴上，但必须使用目标路径才能调用它们。如果要定义全局函数，可在该函数名称前加上标志符_global；如果要定义时间轴函数，可以使用 function 动作，并且在其后面要跟上函数名称、要传递给函数的所有参数及指明该函数动作的 ActionScript 语句；用户也可以通过创建函数文本来定义函数，函数文本是一种没有命名的函数，它在表达式中声明而不在语句中声明。可以使用函数文本定义函数，返回它的值，再把该值赋给表达式中的变量，例如 area=(function(){return Math.PI *radius;})(16)语句，相当于返回 radius 为 16 的圆面积。

（2）传递参数：在调用函数的过程中，必须将要求的参数传递给函数，函数用传递过来的值替换函数定义中的参数。

（3）从函数中返回值：使用 return 语句可以从函数中返回值，return 语句会终止函数的运行，并用 return 动作的值替换它。使用 return 语句时必须遵循以下原则：

1）如果为函数指定除 void 之外的其他返回类型，必须在函数中加入一条 return 语句。

2）如果用户指定的返回类型为 void，则不加入 return 语句。

3）如果没有指定返回类型，可以选择是否加入 return 语句，如果不加入该语句，则返回一个空字符串。

（4）调用函数：使用目标路径可以从任何时间轴中调用任何时间轴中的函数，包括从 SWF 文件的时间轴中调用，但如果该函数是使用_global 标识符声明的全局函数，则不需要使用目标路径即可调用它。调用函数时，只需输入函数名称的目标路径即可调用该函数。

第十一节　实　例　应　用

通过本章的学习，制作如图 7.11.1 所示的动画。

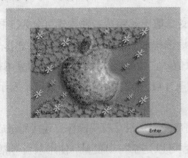

画面 1　　　　　　　　　　　　　　画面 2

图 7.11.1　效果图

（1）启动 Flash CS3 应用程序，新建一个 Flash 文档。

（2）按"Ctrl+J"键，弹出"文档属性"对话框，其参数设置如图 7.11.2 所示。

（3）选择 窗口(W) → 公用库(B) → 按钮 命令，打开如图 7.11.3 所示的"按钮库"面板，从该面板中选择一个按钮，然后将其拖动并放置到舞台的右下角，如图 7.11.4 所示。

图 7.11.2 "文档属性"对话框

图 7.11.3 "按钮库"面板

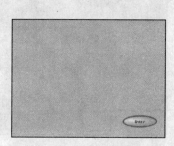

图 7.11.4 拖动按钮到舞台上

（4）按"Ctrl+F8"键，弹出"创建新元件"对话框，创建一个名为"图片"的影片剪辑元件，如图 7.11.5 所示。

（5）选择 文件(F) → 导入(I) → 导入到库(L)... 命令，弹出"导入到库"对话框，如图 7.11.6 所示。选择 3 张图片，分别将其导入到"库"面板中。

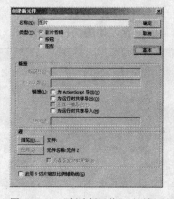

图 7.11.5 "创建新元件"对话框

图 7.11.6 "导入到库"对话框

（6）单击影片剪辑元件编辑区的第 1 帧，将图片 1 拖动到舞台上，调整好大小后将其放置到舞台的中心位置，如图 7.11.7 所示。

（7）单击第 2 帧，按"F6"键插入关键帧，将图片 1 删除，并将图片 2 拖动到舞台上，将其调整为图片 1 的大小，并将其放置到舞台的中心，如图 7.11.8 所示。

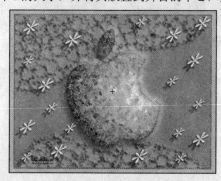

图 7.11.7 第 1 张图片

图 7.11.8 第 2 张图片

（8）继续按照同样的方法导入第 3 张图片，如图 7.11.9 所示。

（9）单击"时间轴"面板的第 1 帧，然后按"F9"键打开"动作"面板，输入 stop()命令，如图 7.11.10 所示。

图 7.11.9　第 3 张图片

图 7.11.10　第 1 帧动作语句

（10）按照同样的方法分别在第 2 帧和第 3 帧处添加 stop()命令。

（11）用鼠标右键单击"时间轴"面板上的第 4 帧，在弹出的快捷菜单中选择 插入空白关键帧 命令。然后为其添加 gotoAndPlay(1)命令，如图 7.11.11 所示。

（12）按"Ctrl+E"键返回到主场景。

（13）单击"时间轴"面板上的"插入图层"按钮 📄，插入一个新图层。

（14）将"库"面板中的影片剪辑元件拖动到舞台上合适的位置，如图 7.11.12 所示。

图 7.11.11　第 4 帧的动作语句

图 7.11.12　拖动影片剪辑元件到舞台上

（15）选中影片剪辑实例，在其"属性"面板中将其命名为"picture"，如图 7.11.13 所示。

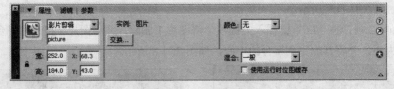

图 7.11.13　"属性"面板

（16）选中舞台上的按钮实例，在"动作"面板中添加以下代码：

```
on(press){
tellTarget(picture){
nextFrame();
}
}
```

此段代码的作用是当单击按钮时，影片剪辑实例播放下一帧内容。

至此，该动画就制作完成了，按"Ctrl+Enter"键进行测试，效果如图 7.11.1 所示。当单击按钮后会切换到下一幅画面，如图 7.11.14 所示。再次单击，切换到第 3 幅画面，继续单击时返回到第 1 幅画面，如此重复。

图 7.11.14 画面 2

习 题 七

一、选择题

1. 在 Flash CS3 中，帧可分为（ ）种类型。
   A. 1   B. 2   C. 3   D. 4

2. 按（ ）键可快速插入一个关键帧。
   A. F4   B. F5   C. F6   D. F7

3. 在 Flash CS3 中，可以向（ ）添加 ActionScript。
   A. 帧   B. 影片剪辑   C. 按钮   D. 图像

二、上机操作题

1. 制作一个打开画卷的遮罩动画。

🌱 提示：可在图层 1 中制作画卷的正文部分；在图层 2 中绘制遮罩，其大小与画卷正文大小相等，并在该图层的第 1 帧将遮罩在水平方向缩小放置在画卷两端的任意一端；在图层 3 和图层 4 中分别绘制卷轴。

2. 制作一个小球落下又弹起的引导层动画。

🌱 提示：先制作一个小球，再创建该小球的引导层，在引导层中使用铅笔工具绘制小球的弹跳路径，最后使用任意变形工具将小球落地时那一帧的小球压扁一点。

3. 制作一个打字效果的逐帧动画。

🌱 提示：将文字和光标分别放置于两个图层中，光标的闪动效果可在两个有光标形状的关键帧之间插入几个空白关键帧来实现。

第八章　控制视频和音频

在 Flash 动画中加入声音，可使动画效果更加生动、完美。Flash CS3 还提供了导入视频的功能，用户可以将制作好的视频文件导入到自己的作品中，以丰富动画的整体效果，本章将主要介绍视频和音频的使用。

本章主要内容：

◆　视频的使用

◆　音频的使用

第一节　视频的使用

用户可以将外部的视频文件导入到 Flash 文档中，以丰富动画界面，还可以对导入的视频文件进行编辑处理。

如果用户安装了 QuickTime 或 DirectX，就可以将外部的视频文件导入到 Flash 中。常见的视频文件格式包括 3 种，以下分别进行介绍。

1. AVI 视频文件

AVI 视频文件是由 Microsoft 公司开发的动画文件格式，其文件扩展名为.avi，此种格式的动画具有良好的视觉效果，大多数多媒体光盘使用它来保存电影片断，其缺点是文件太大，会占用较大的硬盘空间。

2. QuickTime 电影文件

QuickTime 电影文件是由苹果电脑公司研制开发的电影文件格式，播放此种格式的文件时，需要安装 QuickTime 插件，其文件扩展名为.mov。

3. MPEG 文件

MPEG 是 VCD 影片中的文件格式，此种格式的文件压缩比很高，即其文件很小，其缺点是图像质量不佳，该种格式的文件扩展名为.mpg。

在 Flash 中导入视频文件时，系统提供了导入视频向导，利用该向导，可以很容易地导入视频文件，具体操作如下：

（1）在菜单栏中选择 文件(F) → 导入(I)　　　　　　　　　　　　　▶ → 导入视频... 命令，弹出"导入视频"对话框，如图 8.1.1 所示。

（2）用户可在 文件路径: 文本框中输入视频文件的路径，也可以单击 浏览... 按钮，在弹出的"打开"对话框中选择视频文件，如图 8.1.2 所示。

（3）单击 打开(O) 按钮，即可将选择的视频文件的路径添加到 文件路径: 文本框中，单击 下一个 > 按钮，弹出"部署"对话框，如图 8.1.3 所示。

（4）设置好参数后，单击 下一个 > 按钮，弹出"编码"对话框，如图 8.1.4 所示。

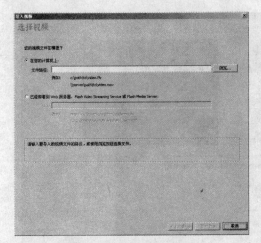

图 8.1.1 "导入视频"对话框

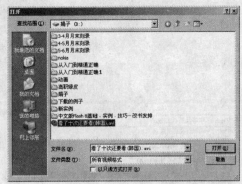

图 8.1.2 "打开"对话框

图 8.1.3 "部署"对话框

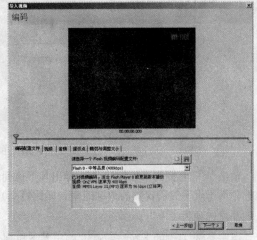

图 8.1.4 "编码"对话框

  Flash 提供了多种预配置的编码配置文件，用户可以使用这些配置文件来编码视频。单击视频编码配置文件右侧的下拉按钮，弹出其下拉列表，如图 8.1.5 所示，用户可在该列表中选择合适的配置文件。

  编码配置文件基于发布内容所用的 Flash Player 的版本以及编码视频内容所用的数据速率决定。如果选择使用 Flash Player 8 的编码配置文件，则将使用 On2 VP6 视频编解码器编码视频；如果选择使用 Flash Player 7 的编码配置文件，则将使用 Sorenson Spark 视频编解码器编码视频，Flash 8 默认的配置文件为 Flash 8 中等品质（400 Kb/s）编码配置文件。

  1）单击 视频 标签，打开"视频"选项卡，如图 8.1.6 所示。

  选中 ☑对视频编码 复选框即可对视频编码进行设置（见图 8.1.7），具体操作如下：

  单击 视频编解码器: 右侧的下拉按钮 ▼，弹出其下拉列表，该列表包含两个选项：On2 VP6 和 Sorenson Spark。On2 VP6 编解码器是对在 Flash Player 8 中播放的 FLV 内容进行编码所使用的视频编解码器；Sorenson Spark 编解码器是对在 Flash Player 7 中播放的 FLV 内容进行编码所使用的视频编解码器。

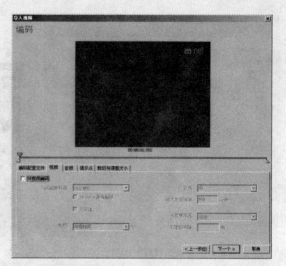

图 8.1.5 "编码配置文件"下拉列表　　　　　　图 8.1.6 "导入视频"对话框

图 8.1.7 "视频"选项卡

单击 品质: 右侧的下拉按钮 ▼，弹出其下拉列表，该列表包含 4 个选项：低、高、中和自定义。该选项用于设置编码视频的数据速率（即比特率），数据速率越高，嵌入的视频剪辑的品质越好，默认的品质选项为"中"。

单击 帧频: 右侧的下拉按钮 ▼，弹出其下拉列表，该列表包含 7 个选项：与源相同、10、12、15、24、25 和 30。默认情况下，Flash Video Encoder 使用的帧频与源视频的帧频相同。

单击 关键帧放置: 右侧的下拉按钮 ▼，弹出其下拉列表，该列表包含两个选项：自动和自定义。该选项用于设置包含完整数据的视频帧的位置，例如，如果指定关键帧的间隔为 30，则在视频剪辑中，Flash Video Encoder 会每隔 30 帧编码一个完整的帧，对于关键帧间隔之间的帧，Flash 只存储不同于前一帧的数据。默认情况下，Flash Video Encoder 在播放时间中每两秒放置一个关键帧。

2）单击 音频 标签，打开"音频"选项卡。

选中 ☑对音频编码 复选框，即可对音频编码进行设置，单击 数据速率: 右侧的下拉按钮 ▼，弹出其下拉列表，如图 8.1.8 所示，用户可根据需要选择合适的数据速率。

3）单击 提示点 标签，打开"提示点"选项卡，如图 8.1.9 所示。

如果用户要定位某个特定帧，可以使用鼠标将"视频预览"窗口下方的播放头移到要嵌入提示点的视频位置，使用左方向键"←"或右方向键"→"可以精确定位视频中的特定帧；还可以使用运行时间计数器（位于"视频预览"窗口下方），定位要嵌入提示点的特定时间点。

当播放头位于要嵌入提示点的帧时，单击"添加提示点"按钮 ➕，即可添加一个提示点。此时，即可在该帧处嵌入一个提示点，并在提示点列表中显示该点的名称、时间及类型。用户也可在 类型 下拉列表中选择提示点的类型。提示点可分为两类：事件和导航。当播放时到达事件提示点时，它会触发 ActionScript，让用户可以同步播放视频和 Flash 演示文稿中的其他事件；导航指令点用于导航和搜寻，还可用于在到达提示点时触发 ActionScript，嵌入导航指令点就是在视频剪辑中插入关键帧。

用于"新提示点"的参数：选项用于输入所选指令点的参数，参数是可添加到提示点的键值对的集合。

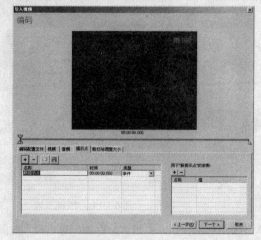

图 8.1.8 "数据速率"下拉列表　　　图 8.1.9 "提示点"选项卡

4）单击 裁切与调整大小 标签，打开"裁切与调整大小"选项卡，如图 8.1.10 所示。

在 裁切 选项区中的文本框中直接输入数值或拖动滑杆上的滑块可调整视频剪辑的尺寸。用户可以消除视频中的一些区域，以强调帧中特定的焦点，例如，通过删除附属图像或删除不需要的背景来突出显示某个人物，如图 8.1.11 所示。

图 8.1.10 "裁切与调整大小"选项卡　　　图 8.1.11 裁切视频剪辑的尺寸

在 修剪 选项区中可以编辑视频的开始和结束位置。例如，可以修剪视频剪辑，使视频剪辑在播放 40 秒后进入完整剪辑，这样就删除了不需要的帧。

（5）单击 下一个 > 按钮，弹出"外观"对话框，如图 8.1.12 所示。单击 外观：右侧的下拉按钮▼，弹出其下拉列表，如图 8.1.13 所示，用户可在该列表中选择合适的选项设置播放插件的外观。

图 8.1.12 "外观"对话框　　　图 8.1.13 "外观"下拉列表

（6）设置好参数后，单击 下一个> 按钮，弹出"完成视频导入"对话框，如图 8.1.14 所示。

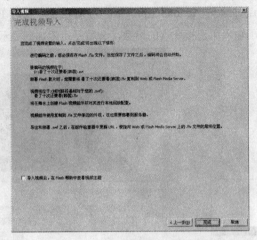

图 8.1.14 "完成视频导入"对话框

（7）单击 完成 按钮，弹出"另存为"对话框，如图 8.1.15 所示。用户可在 文件名(N): 右侧的文本框中输入导入的视频文件的名称，单击 保存(S) 按钮，弹出 Flash 视频编码进度条，如图 8.1.16 所示。

图 8.1.15 "另存为"对话框   图 8.1.16 Flash 视频编码进度条

（8）当 Flash 完成编码后，即可将外部的视频文件导入到 Flash 文件中，如图 8.1.17 所示。按"Ctrl+Enter"快捷键将文件导出，即可在 Flash 播放器中播放，如图 8.1.18 所示。

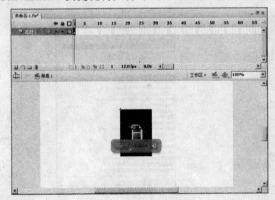

图 8.1.17 导入的视频文件   图 8.1.18 使用播放器播放文件

第二节　音频的使用

在 Flash 动画中加入声音，会使整个动画效果更加精彩、丰富，用户不仅可以将声音导入到文档中，还可以将声音导入到按钮中，为按钮添加音效。

一、导入音频文件

在 Flash CS3 中，用户可以将 WAV，AIFF 和 MP3 声音文件格式导入到 Flash 中，常用的是 WAV 和 MP3 格式的音频文件。导入音频文件的具体操作如下：

（1）在菜单栏中选择 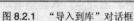 命令，弹出"导入到库"对话框，用户可在该对话框中选择音频文件，如图 8.2.1 所示。

（2）单击 按钮，即可将选中的音频文件导入到 Flash 中，导入后的音频文件被放置在库面板中，如图 8.2.2 所示。

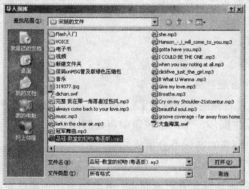

图 8.2.1　"导入到库"对话框

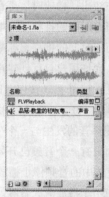

图 8.2.2　库面板

单击库面板中预览区的"播放"按钮，即可试听导入的音频文件的声音。

二、使用音频

如果用户要给制作的动画添加声音，即可使用库中存放的音频文件，具体操作如下：

（1）将音频文件导入到库中。

（2）单击时间轴面板下方的"插入图层"按钮，新建"图层 2"，在库面板中选中导入的音频文件，将其拖到舞台中，此时，音频将自动被添加到选中的图层上，如图 8.2.3 所示。

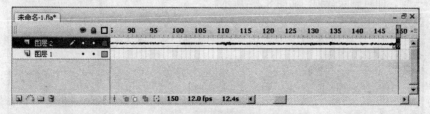

图 8.2.3　将声音添加到图层中

（3）选中导入的音频文件，此时，该音频的属性面板如图 8.2.4 所示。

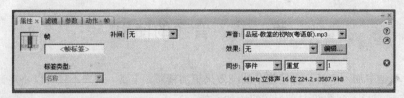

图 8.2.4 "音频"属性面板

"音频"属性面板中各选项的含义如下：

1）**声音**：显示导入的音频名称，当用户导入多个音频时，可单击其右侧的下拉按钮▼，从弹出的下拉列表中选择合适的音频。

2）**效果**：设置音频效果，单击其右侧的下拉按钮▼，弹出其下拉列表，如图 8.2.5 所示。

无：不使用任何效果。

左声道：只能在左声道播放音频。

右声道：只能在右声道播放音频。

从左到右淡出：播放时，声音从左声道切换到右声道。

从右到左淡出：播放时，声音从右声道切换到左声道。　　　图 8.2.5 音频效果下拉列表

淡入：随着时间的推移逐渐增加音量。

淡出：随着时间的推移逐渐减小音量。

自定义：允许用户自行创建声音效果。

3）**编辑…**：单击该按钮，即可对声音进行编辑。

4）**同步**：设置音频的同步，单击其右侧的下拉按钮▼，弹出其下拉列表，如图 8.2.6 所示。

事件：使声音的发生与一个事件的发生同步，常用于按钮中声音的同步。

开始：如果有一个音频已开始播放，则新的音频不会播放。

停止：使选中的音频停止播放。　　　　　　　　　　　图 8.2.6 "音频同步"下拉列表

数据流：用于播放流式音频。Flash 强制动画和音频流同步，其将随着动画的结束而停止播放。

5）**重复 ▼**：设置声音的循环，单击其右侧的下拉按钮▼，弹出其下拉列表，其中包括两个选项：重复和循环。当选择"重复"选项时，在其文本框中输入数值确定重复的次数；当选择"循环"选项时，声音循环播放。

🌷 提示：在 Flash 中，音频可分为两种：事件音频和流式音频。事件音频必须完全下载后才能播放，除非明确停止，否则它将一直连续播放；流式音频则在前几帧下载了足够的数据后就开始播放，音频流可通过和时间轴同步以便在 Web 站点中播放。

（4）如果用户想删除音频，可选中该音频，单击**声音**：右侧的下拉按钮▼，从弹出的下拉列表中选择"无"选项，即可删除音频，如图 8.2.7 所示。

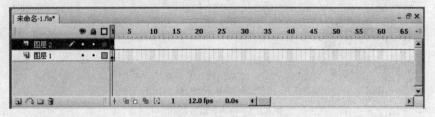

图 8.2.7 删除音频

三、编辑音频

用户可对导入的音频进行编辑，以使其符合动画的长度，具体操作如下：

（1）单击音频图层中的一个声音帧。

（2）单击其属性面板中的 编辑… 按钮，弹出"编辑封套"对话框，如图 8.2.8 所示。

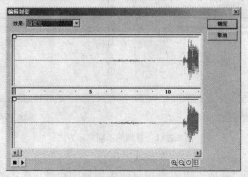

图 8.2.8　"编辑封套"对话框

（3）如果用户要改变声音的起始点和终止点，可拖动起点游标和终点游标的位置，如图 8.2.9 所示。

图 8.2.9　拖动起点游标和终点游标

（4）如果要更改声音封套，可拖动封套手柄来改变声音中不同点处的级别，如图 8.2.10 所示。封套线用于显示声音播放时的音量，单击封套线最多可创建 8 个封套手柄。如果要删除封套手柄，将其拖出窗口即可。

图 8.2.10　创建封套手柄

（5）单击"放大"按钮 或"缩小"按钮 ，可改变窗口内音频的显示。

（6）单击"帧"按钮 ⊞，可使窗口内音频显示为帧；单击"秒"按钮 ⊙，可使窗口内音频显示为秒，如图 8.2.11 所示。

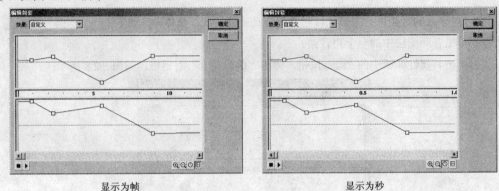

显示为帧　　　　　　　　　　　　　　　显示为秒

图 8.2.11　音频的不同显示方式

（7）编辑完成后，单击"播放"按钮 ▶可试听编辑后的声音，单击"停止"按钮 ■可停止声音的播放。

四、关键帧的音频

当用户将音频添加到 Flash 文档中后，可控制关键帧上的音频，使音频的播放和终止与动画能够同步进行，具体操作如下：

（1）在音频层上选择一帧作为关键帧，将音频添加进去。要使此声音和场景中的事件同步，应该选择一个与场景中事件的关键帧相对应的帧作为起始关键帧，并可以选择任何同步选项。

（2）在音频层上选择一帧作为停止播放声音的关键帧，即终点关键帧，此时，在音频层的时间轴中将出现声音线，如图 8.2.12 所示。

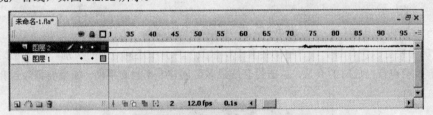

图 8.2.12　创建音频的起点与终点

（3）单击终点关键帧，在其属性面板中对音频的属性进行设置。

（4）单击 声音:右侧的下拉按钮 ▼，从弹出的下拉列表中选择与起点关键帧相同的音频，再从 同步:下拉列表中选择"停止"选项。

设置好各项参数后，当用户将 Flash 文档导出为 SWF 文件时，声音会在终点关键帧处停止播放；如果用户要重新播放该音频，只需移动播放头至起始关键帧。

五、为按钮添加声音

用户可以将声音导入到创建的按钮上，为按钮添加声音效果，具体操作如下：

（1）选择一个按钮，双击该按钮，进入按钮的编辑模式。

（2）单击时间轴面板下方的"插入图层"按钮 ，新建一个图层作为音频层。

（3）在当前图层中要添加音频的按钮状态上创建关键帧，如图 8.2.13 所示。

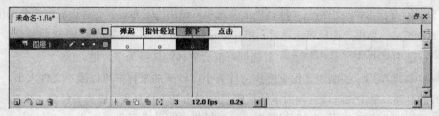

图 8.2.13 创建关键帧

（4）从库面板中选择一个音频文件，将其拖至舞台中，该帧中即出现声波图，如图 8.2.14 所示。

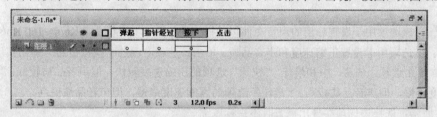

图 8.2.14 给关键帧添加声音效果

（5）单击 图标返回到主场景中，按"Ctrl+Enter"键将文件导出后，单击在动画中创建的按钮，即可听到声音。

六、压缩音频

当用户将声音导入后，可对导入的声音进行压缩处理，具体操作如下：

（1）导入音频文件后，双击库面板中"声音文件"图标 ，弹出"声音属性"对话框，如图 8.2.15 所示。

（2） 设备声音：该选项用于设置设备声音，设备声音以原有音频格式（如 MIDI 或 MFi）储存在发布的 SWF 文件中；可以将设备声音仅用做事件声音，但是无法将设备声音与时间轴同步。单击"文件夹"图标 ，弹出"选择设备声音"对话框，如图 8.2.16 所示，可在该对话框中选择设备声音。

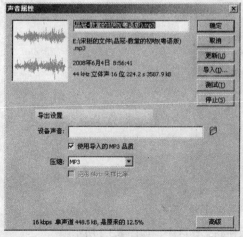

图 8.2.15 "声音属性"对话框

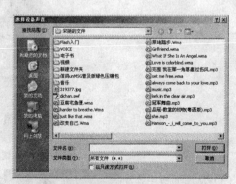

图 8.2.16 "选择设备声音"对话框

（3）单击 打开(O) 按钮即可将选择的音频添加到设备声音中。

（4）压缩：该选项用于设置音频流的压缩选项。单击该选项右侧的下拉按钮 ▼，弹出其下拉列表，其中包括 5 个选项：默认、ADPCM、MP3、原始和声音。

1）默认：导出 SWF 文件时，"默认"压缩选项将使用"发布设置"对话框中的全局压缩设置。

2）ADPCM：当用户选择该选项后，可在其选项区进行如下设置：

预处理：：选中 ☑将立体声转换为单声道 复选框将混合立体声转换为单声道。

采样率：：该选项用于控制声音保真度和文件大小。较低的采样率可以减小文件大小，但同时也会降低声音的品质。单击该选项右侧的下拉按钮 ▼，弹出其下拉列表，该列表包含 4 个选项：5 kHz，11 kHz，22 kHz 和 44 kHz。用户可根据其用途，选择相应的采样率。

3）MP3：当用户选择该选项后，取消选中 □使用导入的 MP3 品质 复选框，即可在其选项区进行如下设置：

比特率：：该选项用于设置导出的声音文件每秒播放的位数，其范围为 8 Kb/s～160 Kb/s。

品质：：该选项用于设置压缩速度和声音品质，单击该选项右侧的下拉按钮 ▼，弹出其下拉列表，该列表包含 3 个选项：快速、中和最佳。"快速"选项的压缩速度较快，但声音品质较低；"中"选项的压缩速度较慢，但声音品质较高；"最佳"选项的压缩速度最慢，但声音品质最高。

4）原始：选择该选项在导出声音时不进行压缩。

5）声音：选择该选项使用一个适合于语音的压缩方式导出声音。

（5）测试(T)：当用户设置好压缩选项后，单击该按钮，可以试听声音效果。

（6）停止(S)：当用户要停止试听，单击该按钮，即可停止播放。

（7）设置好参数后，单击 确定 按钮，即可将选中的音频进行压缩。

第三节　实 例 应 用

通过本章的学习，制作一个声音按钮。

（1）在工具栏中单击"新建"按钮 □，新建一个 Flash 文档。

（2）选择 窗口(W) → 公用库(B) ▶ 按钮 命令，打开系统自带的"按钮"库，如图 8.3.1 所示。

图 8.3.1　系统自带的"按钮"库

（3）从库面板中拖动 flat blue forward 元件到工作区中，如图 8.3.2 所示。

（4）选中"flat blue forward"实例，双击鼠标左键，进入其编辑窗口，如图 8.3.3 所示。

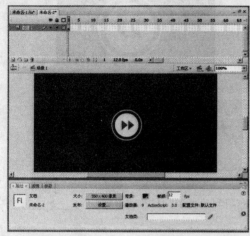

图 8.3.2 拖动"flat blue forward"元件到工作区中　　　图 8.3.3 "flat blue forward"实例的编辑窗口

（5）单击时间轴面板中的"插入图层"按钮 ，插入一个名为"声音"的图层，并将其拖动到所有层的下方，如图 8.3.4 所示。

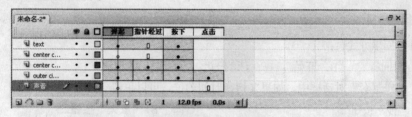

图 8.3.4 插入并移动图层

（6）选择 文件(F) ──→ 导入(I) ▶ ──→ 导入到库(L)... 命令，弹出"导入到库"对话框，在该对话框中选择一个声音文件（见图 8.3.5），单击 打开(O) 按钮将其导入。

（7）选中"声音"图层的 按下 帧，按"F6"键插入关键帧，如图 8.3.6 所示。

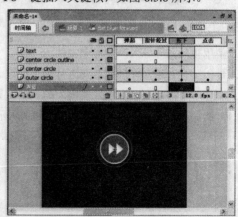

图 8.3.5 "导入到库"对话框　　　　　图 8.3.6 插入关键帧

（8）在属性面板中的"声音"下拉列表中选择导入的声音，为"声音"层添加声音，则在该层中将显示声音的波形，如图 8.3.7 所示。

（9）按"Ctrl+Enter"键测试影片，最终效果如图 8.3.8 所示。

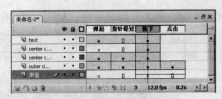
图 8.3.7　导入的声音

图 8.3.8　最终效果图

习　题　八

一、填空题

1. 将声音导入到 Flash 后，声音文件并没有被应用到动画中，只有将其添加到_____中才可以发挥作用。

2. _____格式是 VCD 影片的文件格式。

3. AVI 视频文件是_____公司开发的动画文件格式。

4. QuickTime 电影文件是_____公司研制开发的电影文件格式。

二、选择题

1. 声音的同步方式包括（　　）。

    A．时间　　　　　B．开始　　　　　C．停止　　　　　D．数据流

2. 在"编辑封套"对话框中，如果要切换时间单位，可以单击（　　）。

    A．"秒"按钮　　　　　　　　　　　　　B．"放大"按钮

    C．"帧"按钮　　　　　　　　　　　　　D．"缩小"按钮

3. 声音封套用来（　　）。

    A．设置声音的大小　　　　　　　　　　B．设置声音的播放时间

    C．控制左右声道的声音　　　　　　　　D．改变声音格式

三、上机操作题

1. 使用视频向导导入一个视频文件。

2. 导入一个音频文件，并对其进行编辑处理。

3. 制作一个"从左至右淡入淡出"的声音效果按钮。

（1）绘制按钮各帧图形效果，如题图 8.1 所示。

弹起帧

指针经过帧

按下帧

点击帧

题图 8.1　绘制按钮各帧

（2）导入背景音乐。选择 文件(F) → 导入(I) → 导入到舞台(I)... Ctrl+R 命令，导入一个 MP3 声音文件。从库面板中拖曳声音图标到工作区中，即将声音导入到工作区中。

（3）设置背景音乐为"从左至右淡入淡出"效果。

第九章　输出和发布动画

在制作好 Flash 动画后，可先对制作的动画进行优化，当测试其符合下载要求后，再将其输出为其他格式的文件，以使其能在其他程序中使用；也可以将 Flash 动画发布到 Flash 网站上，供 Flash 爱好者或其他人观看。本章主要介绍动画的输出和发布。

本章主要内容：

◆　输出准备
◆　输出动画
◆　发布动画

第一节　输　出　准　备

如果用户制作的 Flash 动画文件较大，当网络上的其他用户下载时，往往需要很长的时间，为了减少等待时间，对 Flash 动画进行优化是非常重要的。在输出和发布动画前，应先优化 Flash 动画，再通过对 Flash 动画下载性能的调试提高动画的下载速度。

一、优化动画

在发布动画的过程中，Flash 会自动检测是否有重复的图形，并且只在文件中保留一个，还能将嵌套的组合分解为单一组合。用户可通过以下方法对 Flash 动画进行优化：

（1）对于重复出现的图形，可将其转换为元件。

（2）在制作动画时，尽量使用补间动画，因为补间动画中的关键帧相对于逐帧动画要少得多，所以其文件大小也较小。

（3）在绘制线条时，尽量使用实线线型，因为其占用内存比特殊线型要少。

（4）将在动画中变化的图形与背景分别放在不同的图层上。

（5）尽量减少文本中不同字体和样式的数量。

（6）在导入音频文件时，应尽量导入 MP3 格式的音频文件，因为其文件大小较小。

（7）尽量不使用位图制作动画，因为其文件大小较大，应将其作为背景或静止的图形。

（8）尽量将分离的图形组合起来。

（9）尽量使关键帧上的变化区域小，以使交互动作的作用区域尽可能小。

（10）尽量减小渐变色的使用，因为它要比实色多出 50 个字节左右。

二、测试动画

在输出和发布 Flash 动画之前，应先对其进行测试，当该动画符合下载性能要求时，才能将其输出或发布。测试动画的具体操作如下：

（1）创建好动画后，在菜单栏中选择 控制(O) → 测试影片(M)   Ctrl+Enter 命令，即可将当前动画输出为.swf 格式的文件，并在测试窗口中打开并播放，如图 9.1.1 所示。

（2）在测试窗口中选择 视图(V) → 下载设置(D)   ▶ 命令，即可从其子菜单中选择一个下载速度来确定 Flash 模拟的数据流速率，如图 9.1.2 所示。如选择 自定义 命令，在弹出的"自定义下载设置"对话框中自行对下载速度进行设置，如图 9.1.3 所示。

图 9.1.1　测试窗口　　　图 9.1.2　下载设置子菜单　　图 9.1.3　"自定义下载设置"对话框

（3）在测试窗口中选择 视图(V) → 带宽设置(B)   Ctrl+B 命令，即可打开下载性能图，如图 9.1.4 所示。

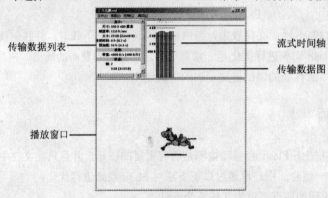

图 9.1.4　下载性能图

传输数据列表用于显示文档的相关信息，其中包括文档设置、文档状态等。在传输数据图中，交替的淡灰色和深灰色块，代表各个帧，方块的大小代表该帧所含数据的多少。如果方块超出红线，表示该帧的数据超出了限制，下载该帧的时间就会较长，则文档必须等待数据的下载。

（4）单击传输数据图中的方块，动画会在该帧停止，并在左侧窗口中显示该帧的下载性能，包括动画大小、帧频、播放时间等。

（5）在测试窗口中选择 视图(V) → 帧数图表(F)   Ctrl+F 命令，可将每帧单独显示。

（6）测试完成后，单击该窗口右上角的"关闭"按钮 ✖，即可关闭测试窗口，返回到主工作区。

🌷 提示：使用"带宽设置"设置好测试环境后，就可以直接在测试模式中打开.swf 文件进行测试。

第二节　输 出 动 画

当用户将动画优化并测试其下载性能后，就可以将 Flash 动画输出到其他应用程序中，并且每次只能将动画按照一种格式输出到其他应用程序中。

一、输出为动画

用户可以将 Flash 动画输出为某种特定格式的动画，如.swf，.avi，.mov 和.gif 格式，其具体操作如下：

（1）如果用户要将 Flash 动画输出为动画，可在菜单栏中选择 **文件(F)** → **导出(E)** ▶ → **导出影片(M)...** Ctrl+Alt+Shift+S 命令，弹出"导出影片"对话框，如图 9.2.1 所示。

（2）在 **文件名(N)** 下拉列表框中输入导出后动画文件的名称，单击 **保存类型(T):** 右侧的下拉按钮 ▼，弹出其下拉列表，如图 9.2.2 所示，用户可选择相应的选项，将 Flash 动画保存为选择的动画类型。

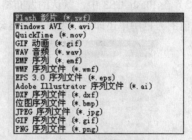

图 9.2.1　"导出影片"对话框　　　　　　　图 9.2.2　"动画类型"下拉列表

（3）设置好参数后，单击 **保存(S)** 按钮，即可将动画保存为选定类型的文件。

二、输出为图形

用户既可以将 Flash 动画输出为其他格式的动画，又可以将其输出为对应于各帧的一系列不同的图形文件，具体操作如下：

（1）如果用户要将 Flash 动画输出为图形，可在菜单栏中选择 **文件(F)** → **导出(E)** ▶ → **导出图像(E)...** 命令，弹出"导出图像"对话框，如图 9.2.3 所示。

（2）在 **文件名(N)** 下拉列表框中输入导出后图形文件的名称，单击 **保存类型(T):** 右侧的下拉按钮 ▼，弹出其下拉列表，如图 9.2.4 所示，用户可选择相应的选项，将 Flash 动画保存为选择的图形类型。

（3）设置好参数后，单击 **保存(S)** 按钮，即可将动画保存为选定类型的图形文件。

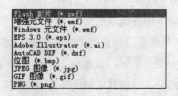

图 9.2.3　"导出图像"对话框　　　　　　　图 9.2.4　"图像类型"下拉列表

第三节　发布动画

当用户创建好动画后，可以将其发布到网络上，还可以将其发布在没有安装 Flash 插件的浏览器上，并可以将其发布为各种不同格式的图形文件和视频文件。

一、发布设置

在发布动画前可对其进行设置，具体操作如下：

（1）在菜单栏中选择 文件(F) → 发布设置(G)...　　　　Ctrl+Shift+F12 命令，弹出"发布设置"对话框，如图 9.3.1 所示。

（2）在 Flash CS3 中，默认的发布格式为.swf 和.html，如果用户要增加发布格式，只需在该文件格式前的方框中单击即可，系统将会自动添加该格式所需的 HTML 代码，如图 9.3.2 所示。

图 9.3.1　"发布设置"对话框　　　　　　图 9.3.2　添加选项标签后的"发布设置"对话框

（3）在 文件：选项区中的文本框中可以输入各种格式文件的名称，单击 使用默认名称 按钮，所有的文件使用默认的文件名。

（4）设置好参数后，单击 确定 按钮，即可将发布设置保存起来。

二、发布为 Flash 文件

用户可将 Flash 动画发布为 Flash 文件，具体操作如下：

（1）在菜单栏中选择 文件(F) → 发布设置(G)...　　　　Ctrl+Shift+F12 命令，在弹出的"发布设置"对话框中单击 Flash 标签，打开"Flash"选项卡，如图 9.3.3 所示。

该选项卡中各选项的含义如下：

1）版本(V)：该选项用于设置播放器的版本，其默认选项为 Flash Player 9。

2）加载顺序(L)：该选项用于设置 Flash 在速度较慢的网络或调制解调器连接时先绘制 SWF 文件的哪些部分。单击其右侧的下拉按钮 ▼，弹出其下拉列表，该列表中包含两个选项："由下而上"和"由上而下"。

3）ActionScript 版本：该选项用于设置动画脚本语言的版本，其默认选项为 ActionScript 2.0。

4）**选项**：要启用对已发布 Flash SWF 文件的调试操作，可选择以下任意一个选项：

选中 **生成大小报告(R)** 复选框可生成一个报告，该报告中列出了最终 Flash 文件大小。

选中 **防止导入(P)** 复选框可防止其他人导入 SWF 文件，并可在密码文本框中输入密码来保护 SWF 文件。

选中 **省略 trace 动作(T)** 复选框会使 Flash 忽略当前 SWF 文件中的跟踪动作（trace）。

选中 **允许调试** 复选框会激活调试器并允许远程调试 SWF 文件。如果选择此选项，用户可以使用密码来保护 SWF 文件。

选中 **压缩影片** 复选框可以压缩 SWF 文件减小文件大小以缩短下载时间。

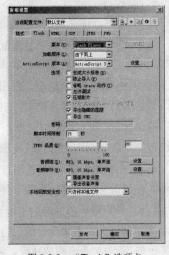

图 9.3.3 "Flash" 选项卡

选中 **导出 SWC** 复选框可以将隐藏的文件一并导出。

5）**JPEG 品质(Q)**：该选项用于控制位图的压缩品质，用户可在其右侧的文本框中输入数值或拖动滑块设置位图的压缩比。图像品质越低，生成的文件越小；图像品质越高，生成的文件越大，当值为 100 时图像品质最佳，压缩比最小。

6）如果用户要为 SWF 文件中的所有声音流或事件声音设置采样率和压缩，可单击"音频流"或"音频事件"旁边的 **设置...** 按钮，然后在"声音设置"对话框中进行设置。

7）**本地回放安全性**：该选项用于设置 Flash 文件的回放安全性，单击该选项右侧的下拉按钮 ▼，弹出其下拉列表，该列表包含两个选项：只访问本地和只访问网格，用户可根据需要进行选择。

（2）设置好参数后，单击 **发布** 按钮，即可将 Flash 动画发布为 Flash 文件。

三、发布为 HTML 网页

用户可将 Flash 动画发布为 HTML 网页，具体操作如下：

（1）在菜单栏中选择 **文件(F) → 发布设置(G)...   Ctrl+Shift+F12** 命令，在弹出的"发布设置"对话框中单击 **HTML** 标签，打开"HTML"选项卡，如图 9.3.4 所示。

该选项卡中各选项的含义如下：

1）**模板(T)**：该选项用于设置要使用的已安装模板，单击 **信息** 按钮，即可显示选定模板的说明，其默认选项是"仅限 Flash"。

2）**尺寸(D)**：该选项用于设置 object 和 embed 标记中宽和高属性的值，单击其右侧的下拉按钮 ▼，弹出其下拉列表，该列表包含 3 个选项：匹配影片、像素和百分比。

"匹配影片"：（默认设置）使用 SWF 文件的大小。

"像素"：在"宽度"和"高度"文本框中输入宽度和高度的像素数量。

"百分比"：指定 SWF 文件将占浏览器窗口百分比值。

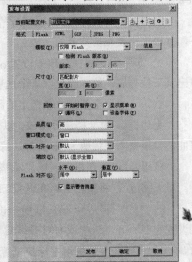

图 9.3.4 "HTML" 选项卡

3）回放：该选项用于控制 SWF 文件的回放和其他的功能。

选中☑开始时暂停(P)复选框，会一直暂停播放 SWF 文件，直到用户单击按钮或从快捷菜单中选择"播放"后才开始播放。默认情况下，该选项处于取消选择状态。

选中☑循环(L)复选框，Flash 动画到达最后一帧将会重复播放。取消选中该复选框会使 Flash 动画到达最后一帧后停止播放。

选中☑显示菜单(M)复选框，当用户单击鼠标右键或按住"Ctrl"键单击 SWF 文件时，会显示一个快捷菜单，如果取消选中该复选框，则快捷菜单中只显示"关于 Flash"一项。

选中☑设备字体(F)复选框，会使用消除锯齿（边缘平滑）的系统字体替换用户系统上未安装的字体。使用设备字体可使小号字体清晰，并能减小 SWF 文件的大小。

4）品质(Q)：该选项用于设置 HTML 网页的外观，单击其右侧的下拉按钮▼，弹出其下拉列表，该列表包含 6 个选项：低、自动降低、自动升高、中、高和最佳。

"低"：主要考虑回放速度，基本不考虑外观，并且不使用消除锯齿功能。

"自动降低"：主要强调速度，但也会尽可能改善外观。

"自动升高"：在开始时同时强调回放速度和外观，但在必要时会只保证回放速度。

"中"：应用消除锯齿功能，但并不平滑位图。

"高"：主要考虑外观，基本不考虑回放速度，它始终使用消除锯齿功能。

"最佳"：提供最佳的显示品质，而不考虑回放速度。

5）窗口模式(O)：该选项控制 object 和 embed 标记中 HTML wmode 的属性，单击其右侧的下拉按钮▼，弹出其下拉列表，该列表包含 3 个选项：窗口、不透明无窗口和透明无窗口。

"窗口"：不在 object 和 embed 标记中嵌入任何窗口相关属性。

"不透明无窗口"：将 Flash 动画的背景设置为不透明，以遮蔽 Flash 动画。

"透明无窗口"：将 Flash 内容的背景设置为透明。

6）HTML 对齐(A)：该选项用于设置 Flash 动画被输出后在浏览器窗口中的位置。单击其右侧的下拉按钮▼，弹出其下拉列表，该列表包含 5 个选项：默认、左对齐、右对齐、上对齐和下对齐。

"默认"：使 Flash 动画在浏览器窗口内居中显示，如果浏览器窗口小于应用程序，则会裁剪动画边缘。

"左对齐"、"右对齐"、"上对齐"或"下对齐"选项会将 SWF 文件与浏览器窗口的相应边缘对齐，并根据需要裁剪其余的三边。

7）缩放(S)：该选项用于设置 object 和 embed 标记中的缩放参数。单击其右侧的下拉按钮▼，弹出其下拉列表，该列表包含 4 个选项：默认、无边框、精确匹配和无缩放。

"默认（显示全部）"：在指定的区域显示整个文档，并且保持 SWF 文件的原始高宽比。

"无边框"：对文档进行缩放，以使它填充指定的区域，保持 SWF 文件的原始高宽比，以使其不扭曲，并根据需要裁剪 SWF 文件边缘。

"精确匹配"：在指定区域显示整个文档，但不保持原始高宽比，因此可能会发生扭曲。

"无缩放"：将禁止文档在调整 Flash Player 窗口大小时进行缩放。

8）Flash 对齐(G)：该选项用于设置 object 和 embed 标记的对齐参数。对于"水平"对齐，可将其设置为左对齐、居中或右对齐；对于"垂直"对齐，可将其设置为上对齐、居中或下对齐，选中☑显示警告消息复选框可在标记设置发生冲突时显示错误消息。

（2）设置好参数后，单击 发布 按钮，即可将 Flash 动画发布为 HTML 网页。

四、发布为 GIF 文件

用户可将 Flash 动画发布为 GIF 文件，具体操作如下：

（1）在菜单栏中选择 文件(F) → 发布设置(G)...　　　Ctrl+Shift+F12 命令，在弹出的"发布设置"对话框中单击 GIF 标签，打开"GIF"选项卡，如图 9.3.5 所示。

该选项卡各选项的含义如下：

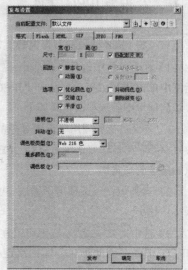

图 9.3.5　"GIF"选项卡

1）尺寸：该选项用于设置导出的位图图像的宽度和高度值，选中 匹配影片(M) 复选框可使 GIF 和 Flash SWF 文件大小相同并保持原始图像的高宽比。

2）回放：该选项区用于设置 Flash 创建的是图像还是 GIF 动画。选中 静态(C) 单选按钮，可创建图像；选中 动画(N) 单选按钮，可创建动画，还可将动画设置为"不断循环"或"重复"。

3）选项：该选项区用于设置导出的 GIF 文件外观。

选中 优化颜色(O) 复选框，将从 GIF 文件的颜色表中删除所有不使用的颜色。

选中 交错(I) 复选框，下载 GIF 文件时，会在浏览器中逐步显示该文件。

选中 平滑(S) 复选框，可以消除导出位图的锯齿，从而生成较高品质的位图图像。

选中 抖动纯色(D) 复选框，用于抖动纯色和渐变色。

选中 删除渐变(G) 复选框，使用渐变色中的第一种颜色将 SWF 文件中的所有渐变填充转换为纯色，默认情况下处于关闭状态。

4）透明(T)：该选项用于设置应用程序背景的透明度。单击其右侧的下拉按钮，弹出其下拉列表，该列表包含 3 个选项：不透明、透明和 Alpha。

"不透明"：将背景变为纯色。

"透明"：使背景透明。

"Alpha"：设置局部透明度。

5）抖动(E)：该选项用于设置如何组合可用颜色的像素以模拟当前调色板中不可用的颜色。抖动可以改善颜色品质，但也会增加文件大小。单击其右侧的下拉按钮，弹出其下拉列表，该列表包含 3 个选项：无、有序和扩散。

"无"：关闭抖动，并用基本颜色表中最接近指定颜色的纯色替代该表中没有的颜色。

"有序"：提供高品质的抖动，同时文件大小的增长幅度也最小。

"扩散"：提供最佳品质的抖动，但会增加文件大小并延长处理时间。该选项在选取"Web 216 色"调色板时才起作用。

6）调色板类型(Y)：该选项用于设置调色板的类型，单击右侧的下拉按钮，弹出其下拉列表，该列表包含 4 个选项：Web 216 色、最适色彩、接近 Web 最适色和自定义。

"Web 216 色"：使用标准的 216 色浏览器安全调色板来创建 GIF 图像，在此获得较好的图像品质，并且该色彩在服务器上的处理速度最快。

"最适色彩"：分析图像中的颜色，并为选定的 GIF 文件创建一个唯一的颜色表。

"接近 Web 最适色"：将接近的颜色转换为 Web 216 色调色板。

"自定义"：可以指定已针对选定图像优化的调色板。

（2）设置好参数后，单击 发布 按钮，即可将 Flash 动画发布为 GIF 文件。

五、发布为 JPEG 文件

用户可将 Flash 动画发布为 JPEG 文件，具体操作如下：

（1）在菜单栏中选择 文件(F) → 发布设置(G)... Ctrl+Shift+F12 命令，在弹出的"发布设置"对话框中单击 JPEG 标签，打开"JPEG"选项卡，如图 9.3.6 所示。

该选项卡中各选项的含义如下：

1）尺寸：该选项用于设置导出的位图图像的宽度和高度值，选中 ☑ 匹配影片(M) 复选框可以使 JPEG 图像和舞台大小相同并保持原始图像的高宽比。

2）品质(Q)：该选项用于控制 JPEG 文件的压缩量，图像品质越低文件越小。

3）选中 ☑ 渐进(P) 复选框可以在 Web 浏览器中逐步显示渐进的 JPEG 图像，因此可在低速网络连接上以较快的速度显示加载的图像。

（2）设置好参数后，单击 发布 按钮，即可将 Flash 动画发布为 JPEG 文件。

图 9.3.6　"JPEG"选项卡

六、发布为 PNG 文件

用户可将 Flash 动画发布为 PNG 文件，具体操作如下：

（1）在菜单栏中选择 文件(F) → 发布设置(G)... Ctrl+Shift+F12 命令，在弹出的"发布设置"对话框中单击 PNG 标签，打开"PNG"选项卡，如图 9.3.7 所示。

该选项卡中各选项的含义如下：

1）尺寸：该选项用于设置导出的位图图像的宽度和高度值，选中 ☑ 匹配影片(M) 复选框可以使 PNG 图像和 Flash SWF 文件大小相同并保持原始图像的高宽比。

2）位深度(B)：该选项用于设置创建图像时要使用的每个像素的位数和颜色数。单击右侧的下拉按钮 ▼，弹出其下拉列表，该列表包含 3 个选项：8 位、24 位和 24 位 Alpha。

"8 位"：适用于有 256 种颜色的图像。

"24 位"：适用于有数千种颜色的图像。

"24 位 Alpha"：适用于有数千种颜色并带有透明度（32 位）的图像。

3）选项：该选项区用于设置导出的 GIF 文件外观。

图 9.3.7　"PNG"选项卡

选中 ☑ **优化颜色(O)** 复选框，将从 PNG 文件的颜色列表中删除所有未使用的颜色。

选中 ☑ **交错(I)** 复选框，下载 PNG 文件时，会在浏览器中逐步显示该文件。

选中 ☑ **平滑(S)** 复选框，可以消除导出位图的锯齿，从而生成较高品质的位图图像。

选中 ☑ **抖动纯色(D)** 复选框，用于抖动纯色和渐变色。

选中 ☑ **删除渐变(G)** 复选框，将使用渐变色中的第一种颜色将 SWF 文件中的所有渐变填充转换为纯色，默认情况下处于关闭状态。

4）**抖动(E)**：该选项用于设置如何组合可用颜色的像素以模拟当前调色板中不可用的颜色。抖动可以改善颜色品质，但也会增加文件大小。单击其右侧的下拉按钮 ▼，弹出其下拉列表，该列表包含 3 个选项：无、有序和扩散。

"无"：关闭抖动，并用基本颜色表中最接近指定颜色的纯色替代该表中没有的颜色。

"有序"：提供高品质的抖动，同时文件大小的增长幅度也最小。

"扩散"：提供最佳品质的抖动，但会增加文件大小并延长处理时间。该选项在选取"Web 216 色"调色板时才起作用。

5）**调色板类型(Y)**：该选项用于设置调色板的类型，单击右侧的下拉按钮 ▼，弹出其下拉列表，该列表包含 4 个选项：Web 216 色、最适色彩、接近 Web 最适色和自定义。

"Web 216 色"：使用标准的 216 色浏览器安全调色板来创建 PNG 图像，在此获得较好的图像品质，并且该色彩在服务器上的处理速度最快。

"最适色彩"：分析图像中的颜色，并为选定的 PNG 文件创建一个唯一的颜色表。

"接近 Web 最适色"：将接近的颜色转换为 Web 216 色调色板。

"自定义"：可以指定已针对选定图像优化的调色板。

6）**过滤器选项(F)**：该选项用于设置使 PNG 文件的压缩性更好的逐行过滤方法，单击其右侧的下拉按钮 ▼，弹出其下拉列表，该列表包含 6 个选项：无、下、上、平均、路径和最适色彩。

"无"：关闭过滤功能。

"下"：传递每个字节和前一像素相应字节的值之间的差。

"上"传递每个字节和它上面相邻像素的相应字节的值之间的差。

"平均"：使用两个相邻像素（左侧像素和上方像素）的平均值来预测该像素的值。

"路径"：计算 3 个相邻像素（左侧、上方、左上方）的简单线性函数，然后选择最接近计算值的相邻像素作为颜色的预测值。

"最适色彩"：分析图像中的颜色，并为选定的 PNG 文件创建一个唯一的颜色表。

（2）设置好参数后，单击 **发布** 按钮，即可将 Flash 动画发布为 PNG 文件。

第四节　实 例 应 用

通过本章的学习，将制作的动画测试后再发布成 GIF 动画。

（1）将制作的 Flash 动画打开，在菜单栏中选择 **控制(O)** → **测试影片(M)** 　　　　　　　　Ctrl+Enter 命令，将当前动画输出为.swf 格式的文件，在测试窗口中打开并播放，如图 9.4.1 所示。

（2）在测试窗口中选择 **视图(V)** → **下载设置(D)** ▶ → **自定义…** 命令，在弹出的"自定义下载设置"对话框中对下载速度进行设置，如图 9.4.2 所示。

图 9.4.1　在测试窗口中打开 Flash 动画

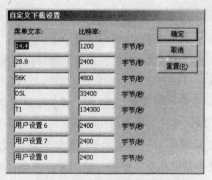

图 9.4.2　"自定义下载设置"对话框

（3）设置完成后，单击 确定 按钮。在测试窗口中选择 视图(V) → 带宽设置(B) Ctrl+B 命令，打开下载性能图，如图 9.4.3 所示。

（4）单击下载性能图中的方块，此时，其右侧的传输数据列表会显示该方块代表的帧的属性，如图 9.4.4 所示。

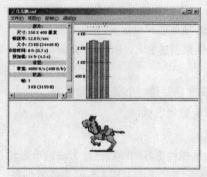

图 9.4.3　下载性能图

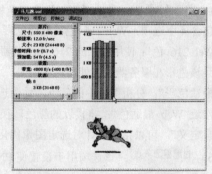

图 9.4.4　显示方块代表的帧的属性

（5）在数据列表中，该帧的预加载为 0 fr，且下载性能图中代表帧的方块并未超出红线，说明其下载性能良好，可发布该动画。

（6）在菜单栏中选择 文件(F) → 发布设置(G)... Ctrl+Shift+F12 命令，弹出"发布设置"对话框，如图 9.4.5 所示。

（7）在该对话框中 类型 选项区中选中 ☑ GIF 图像 (.gif) 复选框，单击 GIF 标签，打开"GIF"选项卡，在该选项卡中设置参数如图 9.4.6 所示。

图 9.4.5　"发布设置"对话框

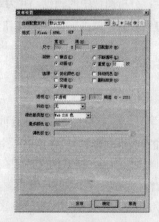

图 9.4.6　在"GIF"选项卡中设置参数

（8）设置好参数后，单击 发布 按钮，即可将 Flash 动画发布为 GIF 文件。

习 题 九

一、填空题

1. 使用_____可以根据所设置调制解调器的传输速率,将动画中每一帧的传输数据进行比较,并用图表显示出来。

2. 在传输数据图中，每个交错的浅色和深色的方块表示动画的一个_____。

3. 用户可在控制菜单中选择_____命令，打开测试窗口。

二、选择题

1. 当将 Flash 动画发布为（ ）格式时没有发布选项。

    A．GIF 文件　　　　　　　　　　　B．Windows 的放映文件

    C．JPEG 文件　　　　　　　　　　D．Macintosh 的放映文件

2. "发布"命令的快捷键是（ ）。

    A．F12　　　　　　　　　　　　　B．Shift+F12

    C．Enter　　　　　　　　　　　　D．Ctrl+F12

3. 可将 Flash 动画发布为（ ）种文件。

    A．4　　　　　B．5　　　　　　C．6　　　　　　　D．7

三、上机操作题

1. 制作一个动画，以 GIF 格式输出。

2. 将一段 SWF 动画转换为可执行文件。

3. 打开一个 Flash 文档，然后以 swf 和 avi 两种类型进行导出。

（1）打开一个 SWF 动画。

（2）选择 文件(F)→创建播放器(R)... 命令，弹出"另存为"对话框。

（3）输入文件名保存，即将 SWF 文件保存为可执行文件。

第十章　综合实例

在 Flash CS3 中，不仅可以使用 Flash 提供的绘图工具绘制图形，还可以使用 Flash 制作各种精美的动画。本章主要介绍制作空中射击效果、制作闹钟、制作温馨卡片、制作便签、制作猫咪的梦想等 5 个实例。

实例 1　制作空中射击效果

1．实例效果

本例将制作空中射击效果，最终效果如图 10.1.1 所示。

图 10.1.1　效果图

2．实例目的

本例主要学习用复制影片语句 duplicateMovieClip() 制作星空、山脉等连绵不断的效果。按键盘上的方向键控制飞机的方向，按住"Ctrl"键发射子弹；在屏幕左上角有累计打中飞行物的得分；射击失败后，单击"replay"按钮重新播放。

3．本例知识点

线条工具、套索工具、矩形工具、文本工具、填充工具、橡皮工具、影片剪辑和动作脚本的使用。

4．制作过程

（1）启动 Flash CS3 软件，新建一个空白文档。

（2）按下"Ctrl+J"键，打开 **文档属性** 对话框，设置其参数如图 10.1.2 所示。

（3）选择 **插入(I) → 新建元件(N)... Ctrl+F8** 命令，在弹出的 **创建新元件** 对话框中选中 **图形** 单选按钮，创建一个名称为"星"的元件，如图 10.1.3 所示。

（4）进入"星"元件的编辑区，选择工具箱中的线条工具，在属性面板中设置笔触颜色为"白色"，笔触样式为

图 10.1.2　"文档属性"对话框

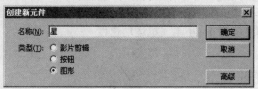

（见图 10.1.4），在编辑区中绘制一个"十"字，如图 10.1.5 所示。

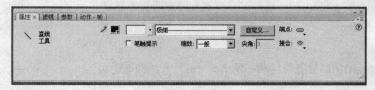

图 10.1.3 "创建新元件"对话框

图 10.1.4 属性面板

图 10.1.5 绘制"十"字

（5）按下"Ctrl+A"键，选中"十"字图形，选择 窗口(W) → 对齐(G) Ctrl+K 命令，打开 对齐 面板（见图 10.1.6），选中"相对于舞台"按钮 口，单击 对齐 面板中的"水平中齐"按钮和"垂直对齐"按钮，调整图形至编辑区的中心位置。

（6）选择 插入(I) → 新建元件(N)... Ctrl+F8 命令，在弹出的 创建新元件 对话框中选中 ⊙ 影片剪辑 单选按钮，创建一个名称为"星 1"的元件。

（7）进入"星 1"元件的编辑区，选择 窗口(W) → 库(L) Ctrl+L 命令，打开"库"面板（见图 10.1.7），从中拖动若干"星"元件到编辑区中，如图 10.1.8 所示。

图 10.1.6 对齐面板

图 10.1.7 库面板

图 10.1.8 拖动若干"星"元件到编辑区中

（8）重复步骤（6）的操作，创建名为"星 2"的元件。进入"星 2"元件的编辑区，从"库"面板中拖动"星 1"元件到编辑区中。选中"星 1"元件，在属性面板的"实例名称"文本框中输入"stars"，如图 10.1.9 所示。

（9）单击"返回场景"按钮 🎬 场景 1，返回到场景中。双击图层 1，将其更名为"群星"。从"库"面板中拖动"星 2"元件到编辑区中，并在属性面板中的"实例名称"文本框中输入"mainStars"。

（10）用鼠标右键单击"星 2"元件，在弹出的快捷菜单中选择 动作 命令，打开"动作"面板，添加动作脚本语句：

```
onClipEvent(load){
stars.duplicateMovieClip("stars2",1000);//在场景中复制动画片段 stars，命名为stars2
stars2._x=stars._x+stars._width;//复制的星空初始位置为紧接前一个位置，这样就创建了星空连绵
```

不断的效果

```
    starsStarts=this._x;//运动初始坐标
    starsSpeed=4;//运动速度值为 4，小于飞机运动速度
    }
    onClipEvent(enterFrame){
    this._-=2;//星空默认运动速度
    if(this._x<=(starsStartx-stars._width)){//运动超过当前宽度时重新初始位置
    this._x=starsStartx-starsSpeed;
    }
    if(_root.spaceship.scrollstart){//如果背景运动初始值为 true，开始加速运动
    this._x-=starsSpeed;
    if(this._x<=(starsStartx-stars._width)){
        this._x=starsStartx-starsSpeed;
    }
    }
    }
```

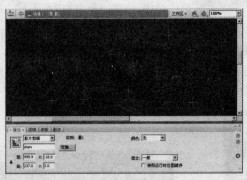

图 10.1.9　拖入"星 1"元件并输入实例名称

🌸 提示："//"符号后的内容是对其下面动作脚本的说明。

（11）用鼠标右键单击"群星"图层的第 3 帧，在弹出的快捷菜单中选择 插入帧 命令，插入帧。

（12）重复步骤（6）的操作，创建"飞机"元件。进入"飞机"元件的编辑区，选择 文件(F)→ 导入(I) ▶ → 导入到舞台(I)... Ctrl+R 命令，导入一副图片，如图 10.1.10 所示。

（13）选中导入的图片，选择 修改(M)→ 分离(K) Ctrl+B 命令，将图片分离。选择工具箱中的套索工具 ，选中选项面板中的魔术棒工具 ，单机飞机图片的背景色，按"Delete"键将其删除，如图 10.1.11 所示。

（14）选中图片，选择 修改(M)→ 变形(T) ▶ → 顺时针旋转 90 度(O) Ctrl+Shift+9 命令，将图片顺时针旋转 90 度，并拖至编辑区的中心，如图 10.1.12 所示。

（15）单击"返回场景"按钮 场景 1 ，返回到场景中。单击时间轴面板中的"插入图层"按钮 ，插入一个名为"飞机"的图层。从"库"面板中拖动"飞机"元件到编辑区的左上方，如图 10.1.13

所示。用鼠标右键单击第3帧，在弹出的快捷菜单中选择 删除帧 命令。

图 10.1.10　导入图片

图 10.1.11　删除飞机图片的背景色

图 10.1.12　旋转并拖动飞机图片

图 10.1.13　拖入"飞机"元件

（16）选中"飞机"元件，在属性面板的"实例名称"文本框中输入"spaceship"，如图 10.1.14 所示。

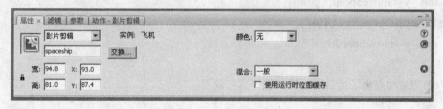

图 10.1.14　输入"实例名称"

（17）用鼠标右键单击"飞机"元件，在弹出的快捷菜单中选择 动作 命令，打开"动作"面板，添加动作脚本语句：

```
onClipEvent(load){
moveSpeed=10;
_root.laser._visible=false;
laserCounter=1;
scrollx=_root.mainGround.ground._width/3;//使飞机在场景中的最右运动范围为山脉宽度的三分之一
scrollStart=false;//设置背景运动变量 scrollStart 初始值为 false
maxLasers=4;
depthCounter=1;
}
onClipEvent(enterFrame){
if(Key.isDown(Key.CONTROL)and(laserCounter<=maxLasers)){//按下"Ctrl"键的同时还要检验当
前子弹是否小于一次发射中的最大值
laserCounter++;
_root.laser.duplicateMovieClip("laser"+depthCounter,depthCounter);//根据子弹记数变量复制子弹
```

```
_root["laser"+depthCounter]._visible=true;
depthCounter++;
if(depthCounter>maxLasers){//如果当前记数以大于一次性最大发射数
depthCounter=1;
}
}
if(Key.isDown(Key.RIGHT)){
    if(this._x<scrollx){//如果没有超出向右运动的范围
    this._x+=moveSpeed;
    }else
    {scrollStart=true;//背景运动变量为 true，也就是说背景开始运动
    }
}else
if(Key.isDown(Key.LEFT)){
    this._x-=moveSpeed;
}
if(Key.isDown(Key.DOWN)){
    this._y+=moveSpeed;
}else if(Key.isDown(Key.UP)){
    this._y-=moveSpeed;
}
if(_y<0){//运动超出了场景的顶端，就停留在顶端
this._y=0;
}
if(_y>360){//运动低于了山脉，就停留在当前位置
_y=360;
}
if(_x<0){//运动向左超出了场景左边，就停留在左边
_x=0;
}
}
onClipEvent(keyUp){//当松开键盘，如果最后按键为光标右键，就将背景运动变量设置为 flase，
背景也就停止运动
if(Key.getCode()==Key.RIGHT){
scrollStart=false;
}
}
```

（18）选择 插入(I) → 新建元件(N)... Ctrl+F8 命令，在弹出的 创建新元件 对话框中选中 ⊙ 影片剪辑
单选按钮，创建一个名称为"子弹"的元件。

（19）进入"子弹"元件的编辑区，选择工具箱中的线条工具 ，在属性面板中设置笔触颜色为"6699FF"，笔触高度为"1"（见图 10.1.15），在编辑区的中心绘制两条平行直线做子弹外形，如图 10.1.16 所示。

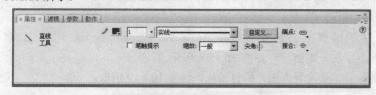

图 10.1.15　属性面板

图 10.1.16　绘制两条平行直线

（20）单击"返回场景"按钮 场景 1，返回到场景中。选中飞机图层，用鼠标右键单击时间轴面板中的"插入图层"按钮 ，插入一个名为"子弹"的图层。从"库"面板中拖动"子弹"元件到编辑区中，并调整其位于"飞机"头部的正前方，如图 10.1.17 所示。

图 10.1.17　拖入并调整"子弹"元件

（21）选中"子弹"实例，在属性面板的"实例名称"文本框中输入"laser"。用鼠标右键单击"子弹"元件，在弹出的快捷菜单中选择 动作 命令，打开"动作"面板，添加动作脚本语句：

```
onClipEvent(load){
laserMoveSpeed=20;//设置子弹速度
this._x=_root.spaceship._x+90;//子弹的 X 坐标为飞机头部坐标，这里的数字 90 根据你的飞机实
际尺寸来定
this._y=_root.spaceship._y;// 子弹的 Y 坐标就是飞机坐标，才能体现是由飞机发出的
}
onClipEvent(enterFrame){
if(this._name<>"laser"){//如果当前动画片段实例名不是 laser，就设置其位移
this._x+=laserMoveSpeed;
if(this._x>600){
    _root.spaceship.laserCounter--;//飞机发射的子弹数递减
    this.removeMovieClip();
}
for(i=1;i<=_root.numEnemy;i++){
    if(this.hitTest(_root["enemy"+i])){//如果当前子弹与敌人发生碰撞
    _root.score+=100;//
    _root["enemy"+i].gotoAndPlay(2);//敌人飞机爆炸动画
    }
}
```

```
        }
    }
```

（22）选择 插入(I) → 新建元件(N)... Ctrl+F8 命令，在弹出的 创建新元件 对话框中选中 ⊙ 图形 单选按钮，创建一个名称为"11"的元件。

（23）进入"11"元件的编辑区，选择 文件(F) → 导入(I)　　　　　　　　　　▶ → 导入到舞台(I)... Ctrl+R 命令，导入一幅图片，如图 10.1.18 所示。

（24）重复步骤（13）的操作，去除导入图片的背景色，如图 10.1.19 所示。

图 10.1.18　导入图片

图 10.1.19　去除背景色

（25）选择 插入(I) → 新建元件(N)... Ctrl+F8 命令，在弹出的 创建新元件 对话框中选中 ⊙ 影片剪辑 单选按钮，创建一个名称为"物体"的元件。

（26）进入"物体"元件的编辑区，从"库"面板中拖动"11"元件到编辑区中，用鼠标右键分别单击图层 1 的第 2 帧～第 8 帧，在弹出的快捷菜单中选择 插入关键帧 命令，插入 7 个关键帧。

🌼　提示：插入的关键帧继承前一个关键帧中的内容。

（27）选择工具箱中的任意变形工具，调整第 2 帧中的对象，如图 10.1.20 所示。

（28）重复步骤（27）的操作，调整第 3 帧～第 8 帧中的对象，使其逐渐缩小，倾斜度任意。

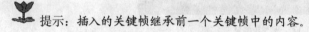
图 10.1.20　调整第 2 帧中的对象

（29）分别选中第 7 帧和第 8 帧中的对象，在属性面板中设置 颜色：为 Alpha，值为"15%"，如图 10.1.21 所示。

图 10.1.21　属性面板

（30）用鼠标右键单击图层 1 的第 9 帧，在弹出的快捷菜单中选择 插入空白关键帧 命令，插入空白关键帧。

（31）单击时间轴面板中的"插入图层"按钮，插入一个名为"动作"的图层。用鼠标右键单击动作图层的第 9 帧，在弹出的快捷菜单中选择 插入关键帧 命令，插入关键帧，如图 10.1.22 所示。

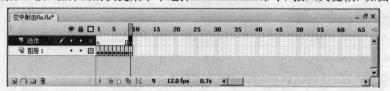
图 10.1.22　时间轴面板

（32）用鼠标右键分别单击图层的第 1 帧和第 9 帧，在弹出的快捷菜单中选择 **動作** 命令，打开"动作"面板，添加动作脚本语句：

Stop();

（33）单击"返回场景"按钮 **场景 1**，返回到场景中。选中子弹图层，单击时间轴面板中的"插入图层"按钮 ⬛，插入一个名为"物体"的图层。从"库"面板中拖动"物体"元件到编辑区中，如图 10.1.23 所示。

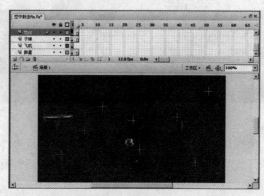

图 10.1.23 拖入"物体"元件

（34）选中"物体"元件，在属性面板的"实例名称"文本框中输入"enemyl"。

（35）用鼠标右键单击"物体"元件，在弹出的快捷菜单中选择 **動作** 命令，打开"动作"面板，添加动作脚本语句：

```
onClipEvent(load){
function reset(){//自定义函数 reset
this._x=600;//坏飞机出场的 X 坐标
this._y=random(200)+100;// 坏飞机出场的 Y 坐标，是随机值，更是真实感
enemySpeed=random(4)+1;//速度也是随机的
this.gotoAndPlay(1);//首先播放的是正常状态下的动画（还没有爆炸）
}
reset();
}
onClipEvent(enterFrame){
if(_root.spaceship.scrollStart){//如果飞机正向前行驶
this._x-=enemySpeed+_root.mainGround.groundSpeed;//坏飞机的速度将相对山脉减小
}else{
    this._x-=enemySpeed;//否则，它保持初始速度飞行
}
if(this._x<-10){//飞出游戏场景后就初始化，从头再飞
reset();
}
if(this.hitTest(_root.spaceship)){//如果与我方飞机发生了碰撞，游戏就跳转到结束画面
    _root.gotoAndStop("gameOver");
```

```
    }
}
```

（36）选择 插入(I)→ 新建元件(N)... Ctrl+F8 命令，在弹出的 创建新元件 对话框中选中 ⊙ 影片剪辑 单选按钮，创建一个名称为"山"的元件。

（37）进入"山"元件的编辑区，选择 文件(F) → 导入(I) ▶ → 导入到舞台(I)... Ctrl+R 命令，导入一幅图片，如图 10.1.24 所示。

图 10.1.24　导入图片

（38）重复步骤（36）的操作，创建一个名为"山脉"的元件。进入"山脉"元件的编辑区，从"库"面板中拖动"山"元件到编辑区的中央。选中"山"元件，在属性面板的"实例名称"文本框中输入"ground"。

（39）单击"返回场景"按钮 ≝ 场景1 ，返回到场景中。选中物体图层，单击时间轴面板中的"插入图层"按钮 🗐，插入一个名为"山脉"的图层。从"库"面板中拖动"山脉"元件到编辑区中，如图 10.1.25 所示。

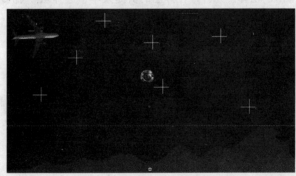

图 10.1.25　拖入"山脉"元件

（40）用鼠标右键单击"山脉"图层的第 3 帧，在弹出的快捷菜单中选择 插入帧 命令插入帧。选中"山脉"元件，在属性面板的"实例名称"文本框中输入"mainGround"。

（41）用鼠标右键单击第 1 帧中的"山脉"元件，在弹出的快捷菜单中选择 动作 命令，打开"动作"面板，添加动作脚本语句：

```
onClipEvent(load){
    ground.duplicateMovieClip("ground2",100);//在场景中复制动画片段 ground，命名为 ground2
    ground2._x=ground._x+ground._width;//复制的山脉初始位置为紧接前一个位置，这样就创建了山
脉连绵不断的效果
    groundStartx=this._x;//初始运动值
    groundSpeed=20;//运动速度值
}
onClipEvent(enterFrame){
```

this._x-=8;//山脉默认运动速度

if(this._x<=(groundStartx-ground._width)){//运动超过当前宽度时重新初始位置

this._x=groundStartx-groundSpeed;

}

if(_root.spaceship.scrollStart){//如果背景运动初始值为 true，开始运动

this._x-=groundSpeed;//当前运动的速度就为预设速度

if(this._x<=(groundStartx-ground._width)){

　　　　this._x=groundStartx-groundSpeed;

}

}

}

（42）选择 插入(I) → 新建元件(N)... Ctrl+F8 命令，在弹出的 创建新元件 对话框中选中 ◉ 图形 单选按钮，创建一个名称为"文件"的元件。

（43）进入"文字"元件的编辑区，选择工具箱中的文本工具 T，在属性面板中设置文本类型为 动态文本 ，字体为"宋体"，字号为"50"，颜色为"红色"，线条类型为 单行 ，并选中"粗体"按钮 B，在编辑区的中央输入文字"游戏结束"，如图 10.1.26 所示。

图 10.1.26　设置数值和输入文字

（44）重复步骤（42）的操作，在弹出的 创建新元件 对话框中选中 ◉ 影片剪辑 单选按钮，创建一个名称为"结束"的元件。进入"结束"元件的编辑区，从"库"面板中拖动"文字"元件到编辑区的中心。用鼠标右键单击时间轴面板中的第 20 帧，在弹出的快捷菜单中选择 插入关键帧 命令，插入关键帧。

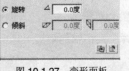

（45）选中第 1 帧中的对象，选择 窗口(W) → 变形(T) 　　　 Ctrl+T 命令，打开"变形"面板，调整其参数，如图 10.1.27 所示。

图 10.1.27　变形面板

（46）选中第 1 帧中的对象，在属性面板中设置 颜色: 为 Alpha ，值为"15%"。

（47）选中第 1 帧～第 19 帧中的任意一帧，在属性面板中设置其参数，创建一段运动补间动画，如图 10.1.28 所示。

（48）单击"时间轴"面板中的"插入图层"按钮 ，插入图层 2。用鼠标右键单击图层 2 的

第 7 帧，在弹出的快捷菜单中选择 插入关键帧 命令，插入关键帧。

图 10.1.28　属性面板

（49）从"库"面板中拖动"文字"元件到第 7 帧中，选择 窗口(W) → 对齐(G)　　Ctrl+K 命令，打开"对齐"面板，选中"相对于舞台分布"按钮 （见图 10.1.29），单击"对齐"面板中的"水平中齐"按钮 和"垂直对齐"按钮 ，调整其对象至编辑区的中央。

（50）用鼠标右键单击图层 2 的第 20 帧，在弹出的快捷菜单中选择 插入关键帧 命令，插入关键帧。重复步骤（45）和（46）的操作，调整第 7 帧中的大小和透明度。

图 10.1.29　对齐面板

（51）重复步骤（47）的操作，在图层 2 的第 7 帧～第 20 帧中创建运动补间动画。

（52）重复步骤（48）～（51）的操作，创建图层 3，并在其第 11 帧～第 20 帧中创建运动补间动画，如图 10.1.30 所示。

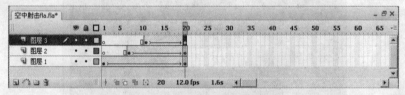

图 10.1.30　创建运动补间动画

（53）用鼠标右键单击图层 3 的第 20 帧，在弹出的快捷菜单中选择 动作 命令，打开"动作"面板，添加动作脚本语句：

stop();

（54）选择 插入(I) → 新建元件(N)... Ctrl+F8 命令，在弹出的 创建新元件 对话框中选中 按钮 单选按钮，创建一个名称为"播放"的元件。

（55）进入"播放"元件的编辑区，选择工具箱中的文本工具 T，在编辑区的中心输入字符"重播"，如图 10.1.31 所示。

（56）用鼠标右键分别单击"播放"元件的 指针经过 和 点击 帧，在弹出的快捷菜单中选择 插入关键帧 命令，插入两个关键帧。将 指针经过 帧中对象的颜色设为"黄色"，单击 点击 帧，选择工具箱中的矩形工具 ，在编辑区中央绘制一个矩形作为触发区，如图 10.1.32 所示。

图 10.1.31　输入字符

图 10.1.32　绘制矩形

（57）单击"返回场景"按钮 场景 1，返回到场景中。选中"山脉"图层，单击"时间轴"面板中的"插入图层"按钮 ⊡，插入一个名为"游戏结束"的图层。用鼠标右键单击"游戏结束"图层的第 3 帧，在弹出的快捷菜单中选择 插入关键帧 命令，插入关键帧。从"库"面板中拖动"结束"元件到"游戏结束"图层的第 3 帧中，如图 10.1.33 所示。

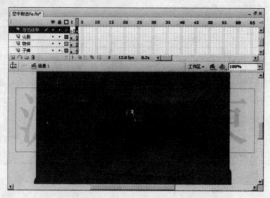

图 10.1.33　拖入"结束"元件

（58）选中"游戏结束"图层，单击时间轴面板中的"插入图层"按钮 ⊡，插入一个名为"开始"的图层。用鼠标右键单击"开始"图层的第 3 帧，在弹出的快捷菜单中选择 插入关键帧 命令，插入关键帧。从"库"面板中拖动"播放"元件到"开始"图层的第 3 帧中，如图 10.1.34 所示。

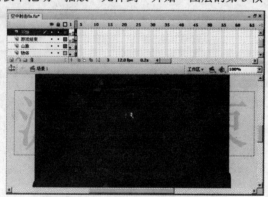

图 10.1.34　拖入"播放"元件

（59）用鼠标右键单击"播放"实例，在弹出的快捷菜单中选择 动作 命令，打开"动作"面板，添加动作脚本语句：

```
on (release) {
gotoAndPlay(1);
}
```

（60）选中"开始"图层，单击时间轴面板中的"插入图层"按钮 ⊡，插入一个名为"分数"的图层。选择工具箱中的文本工具 T，在属性面板中设置文本类型为 动态文本 ，字体为 Arial ，字号为"20"，线条类型为 单行 ，在"分数"图层的第一帧中拖出一个动态文本框，用来存放分数，如图 10.1.35 所示。

（61）选中动态文本框，在属性面板的 变量: 文本框中输入"score"，如图 10.1.36 所示。

（62）选中"分数"图层，单击"时间轴"面板中的"插入图层"按钮 ⊡，插入一个名为"动作"的图层。用鼠标右键分别单击"动作"图层的第 1 帧～第 3 帧，在弹出的快捷菜单中选择 插入关键帧命令，插入 3 个关键帧，时间轴面板如图 10.1.37 所示。

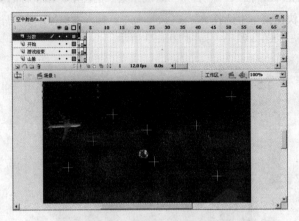

图 10.1.35　绘制一个动态文本框

图 10.1.36　输入"变量名称"

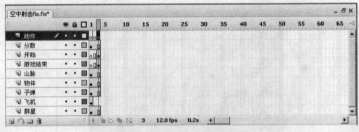

图 10.1.37　时间轴面板

（63）用鼠标右键单击动作图层的第 1 帧，在弹出的快捷菜单中选择 **動作** 命令，打开"动作"面板，添加动作脚本语句：

numEnemy=3; //设置敌人飞机的初始数量

for(i=2;i<=numEnemy;i++){ 　　　//根据初始值在游戏中复制多个敌人

　enemyl.duplicateMovieClip("enemy"+i,i=+100);

　}

score=0;

（64）用鼠标右键单击动作图层的第 2 帧，在弹出的快捷菜单中选择 **動作** 命令，打开"动作"面板，添加动作脚本语句：

stop();

（65）用鼠标右键单击动作图层的第 3 帧，在属性面板的 **帧** 文本框中输入 "gameOver"，如图 10.1.38 所示。

（66）动画制作完成，按下 "Ctrl+Enter" 键，测试动画效果，最终效果如图 10.1.1 所示。

图 10.1.38 设置"帧标签"

实 例 2 制 作 闹 钟

1. 实例效果

本例制作闹钟，最终效果如图 10.2.1 所示。

图 10.2.1 效果图

2. 实例目的

本例主要学习 on()语句响应的对象是鼠标事件，而 onEventClip()语句响应的对象是一个元件实例，并且在 onEventClip()语句中，不同参数的响应其特点各不相同。

3. 本例知识点

文本工具、多边形工具、椭圆工具、基本矩形工具、影片剪辑和动作脚本的使用。

4. 制作过程

（1）启动 Flash CS3，新建一个空白文档。

（2）按下"Ctrl+J"键，打开 **文档属性** 对话框，设置其参数如图 10.2.2 所示。

图 10.2.2 "文档属性"对话框

（3）选择  命令，在弹出的  对话框中选中 ⊙ 影片剪辑 单选按钮，创建一个名称为"时间 1"的元件，如图 10.2.3 所示。

（4）进入"时间"元件的编辑窗口，选择工具箱中的文本工具 T，在属性面板中设置文本类型为 动态文本 ▼，线条类型为 单行 ▼，在编辑区中拖出两个动态文本框，如图 10.2.4 所示。

图 10.2.3 "创建新元件"对话框　　　　　图 10.2.4 拖出两个动态文本框

（5）从上至下分别选中两个文本框，在属性面板中的 变量:文本框中输入字符"cudate"和"cutime"，如图 10.2.5 所示。

图 10.2.5 属性面板

（6）单击"返回场景"按钮 场景1，返回到场景中。双击"时间轴"面板中的图层名，将其更名为"系统时间"。

（7）选择 窗口(W) → 库(L) Ctrl+L 命令，打开库面板（见图 10.2.6），从中拖动"时间 1"元件到编辑区中。

（8）用鼠标右键单击"系统时间"图层的第 2 帧，在弹出的快捷菜单中选择 插入关键帧 命令，插入一个关键帧。

（9）选中第 1 帧中的"时间 1"元件，在属性面板中的"实例名称"文本框中输入字符"current"。

（10）用鼠标右键单击第 1 帧中的"时间 1"元件，在弹出的快捷菜单中选择 动作 命令，打开"动作"面板，添加动作脚本语句：

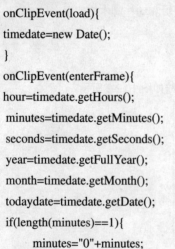

图 10.2.6 库面板

```
onClipEvent(load){
timedate=new Date();
}
onClipEvent(enterFrame){
hour=timedate.getHours();
minutes=timedate.getMinutes();
seconds=timedate.getSeconds();
year=timedate.getFullYear();
month=timedate.getMonth();
todaydate=timedate.getDate();
if(length(minutes)==1){
    minutes="0"+minutes;
}
```

```
if(length(seconds)==1){
      seconds="0"+seconds;
}
if(length(month)==1){
      month="0"+month;
}
cutime=hour+":"+minutes+":"+seconds;
cudate=todaydate+"/"+month+"/"+year;
delete timedate;
timedate=new Date();
}
```

（11）单击第 2 帧中的"时间 1"元件，在弹出的快捷菜单中选择 动作 命令，打开"动作"面板，添加动作脚本语句：

```
onClipEvent(enterFrame){
hour=timedate.getHours();
minutes=timedate.getMinutes();
seconds=timedate.getSeconds();
year=timedate.getFullYear();
month=timedate.getMonth();
todaydate=timedate.getDate();
if(length(minutes)==1){
      minutes="0"+minutes;
}
if(length(seconds)==1){
      seconds="0"+seconds;
}
if(length(month)==1){
      month="0"+month;
}
cutime=hour+":"+minutes+":"+seconds;
cudate=year+"/"+month+"/"+todaydate;
delete timedate;
timedate=new Date();
if(_root.myhours==timedate.getHours()and _root.mymin==timedate.getMinutes()){
_root.mysound.start();
_root.mao.play();
}else{
_root.mao.stop();
}
```

}

（12）选择 **插入(I)** → **新建元件(N)... Ctrl+F8** 命令，在弹出的 **创建新元件** 对话框中选中 ⊙ **图形** 单选按钮，创建一个名称为"闹钟"的元件。

（13）进入"闹钟"元件的编辑区，选择 **文件(F)** → **导入(I)** ▶ → **导入到舞台(I)... Ctrl+R** 命令，导入一张图片，如图 10.2.7 所示。

（14）单击"返回场景"按钮 **场景1**，返回到场景中。选中系统时间图层，单击"时间轴"面板中的"插入图层"按钮 ⬚，插入一个名为"界面"的图层。

（15）选中"界面"图层的第 1 帧，从库面板中拖动"闹钟"元件到编辑区中。选择工具箱中的文本工具 **T**，在编辑区中输入文字"系统时间"、"日期"、"时刻"、"闹铃时间设定"、"时（24）"和"分"。调整文字和"闹钟"元件的位置，如图 10.2.8 所示。

图 10.2.7　导入图片

图 10.2.8　调整文字和"闹钟"元件的位置

（16）用鼠标右键单击"界面"图层的第 2 帧，插入关键帧。选中第 2 帧中的"闹钟"元件，按"Delete"键删除。

（17）选择 **插入(I)** → **新建元件(N)... Ctrl+F8** 命令，在弹出的 **创建新元件** 对话框中选中 ⊙ **影片剪辑** 单选按钮，创建一个名为"闹钟 1"的元件。

（18）进入"闹钟 1"元件的编辑区，从"库"面板中拖动"闹钟"元件到编辑区中。用鼠标右键分别单击第 8 帧和第 15 帧，插入两个关键帧。

（19）选中第 8 帧中的对象，选择工具箱中的任意变形工具 ▦，旋转其角度，如图 10.2.9 所示。

图 10.2.9　旋转闹钟的角度

（20）用鼠标右键分别单击第 1 帧～第 8 帧、第 8 帧～第 15 帧中的任意一帧，在弹出的快捷菜单中选择 **创建补间动画** 命令，创建两段补间动画，时间轴面板如图 10.2.10 所示。

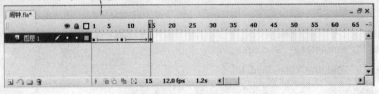
图 10.2.10　时间轴面板

（21）单击"返回场景"按钮 **场景1**，返回到场景中。选中系统时间图层，单击时间轴面板中的"插入图层"按钮 ⬚，插入一个名为"响铃"的图层。

（22）单击"响铃"图层的第 2 帧，插入一个关键帧。从库面板中拖动"闹钟 1"元件到第 2 帧中，选择工具箱中的箭头工具 ▸，调整"闹钟 1"元件的位置，使其与"界面"图层第 1 帧中的"闹钟"元件重合。

（23）选中"响铃"图层第 2 帧中的"闹钟 1"元件，在属性面板中的"实例名称"文本框中输入字符"mao"，如图 10.2.11 所示。

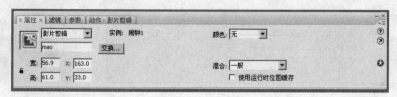

图 10.2.11 属性面板

（24）选中"响铃"图层，单击时间轴面板中的"插入图层"
按钮，插入一个名为"闹铃设置"的图层。选择工具箱中的文本
工具，在属性面板中设置文本类型为「输入文本」，线条类型
为「单行」，在编辑区中拖出两个动态文本框，如图 10.2.12
所示。

（25）从上至下分别选中这两个动态文本框，分别在属性面板
中的 变量:文本框中输入字符"myhours"和"mymin"，如图 10.2.13
所示。

图 10.2.12 拖出两个动态文本框

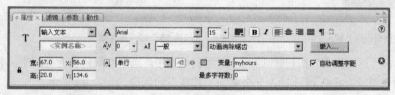

图 10.2.13 属性面板

（26）单击"响铃"图层的第 2 帧，插入一个关键帧。

（27）选择 插入(I) → 新建元件(N)... Ctrl+F8 命令，在弹出的 创建新元件 对话框中选中 按钮 单
选按钮，创建一个名称为"确认"的元件。

（28）进入"确认"元件的编辑区，选择工具箱中的椭圆工具，并设置笔触颜色为"无"，在
编辑区中绘制一个正圆，如图 10.2.14 所示。

（29）用鼠标右键分别单击"确认"元件的 指针经过 帧和 按下 帧，插入两个关键帧，并分
别改变各帧中对象的颜色。

（30）单击"时间轴"面板中的"插入图层"按钮，插入图层 2。选中图层 2 的 弹起 帧，
选择工具箱中的文本工具，在正圆上输入文字"确认"，如图 10.2.15 所示。

图 10.2.14 绘制正圆

图 10.2.15 在正圆上输入文字

（31）分别单击"图层 2"的 指针经过 帧和 按下 帧，插入两个关键帧。

（32）选择 插入(I) → 新建元件(N)... Ctrl+F8 命令，在弹出的 创建新元件 对话框中选中 按钮 单
选按钮，创建一个名称为"关闭"的元件。

（33）进入"关闭"元件的编辑区。选中工具箱中的基本矩形工具，并单击"属性"面板中
的"圆角矩形半径"按钮，在其后的文本框中输入"20"（见图 10.2.16），在编辑区中绘制一个圆
角矩形，如图 10.2.17 所示。

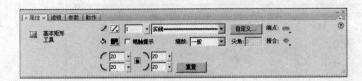

图 10.2.16　属性面板　　　　　　　　　　　　图 10.2.17　绘制圆角矩形

（34）分别单击"关闭"元件的**指针经过**帧、**按下**帧和**点击**帧，插入 3 个关键帧，并分别改变各帧中对象的颜色。

（35）单击时间轴面板中的"插入图层"按钮 ，插入图层 2。选中图层 2 的**弹起**帧，选择工具箱中的文本工具 ，在圆角矩形上输入文字"关闭闹铃"，如图 10.2.18 所示。

（36）单击图层 2 的**点击**帧，插入帧，如图 10.2.19 所示。

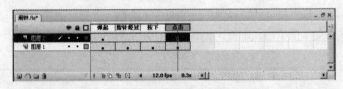

图 10.2.18　在圆角矩形上输入文字　　　　　　　图 10.2.19　插入帧

（37）单击"返回场景"按钮 ，返回到场景中。选中"闹铃设置"图层，单击"时间轴"面板中的"插入图层"按钮 ，插入一个名为"按钮"的图层。

（38）选中"按钮"图层的第 1 帧，从库面板中拖动"确认"元件到编辑区中，如图 10.2.20 所示。

（39）用鼠标右键单击"确认"元件，在弹出的快捷菜中选择**动作**命令，打开动作面板，添加动作脚本语句：

```
on (press) {
gotoAndPlay(2);
}
```

（40）单击"按钮"图层的第 2 帧，插入关键帧。选中"确认"元件并按"Delete"键删除，从库面板中拖动"关闭闹铃"元件到第 2 帧中，如图 10.2.21 所示。

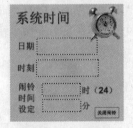

图 10.2.20　拖入"确认"元件　　　　　　　图 10.2.21　拖入"关闭闹铃"元件

（41）单击"关闭闹铃"元件，在弹出的快捷菜单中选择**动作**命令，打开动作面板，添加动作脚本语句：

```
on (press) {
gotoAndStop(1);
_root.mysound.stop();
_root.mao.stop();
}
```

（42）选中"按钮"图层，单击时间轴面板中的"插入图层"按钮 ，插入一个名为"动作"的图层。

（43）用鼠标右键单击"动作"图层的第 1 帧，在弹出的快捷菜单中选择 动作 命令，打开动作面板，添加动作脚本语句：

stop();

_root.mysound=new Sound();

_root.mysound.attachSound("mychimes");

（44）用鼠标右键单击"动作"图层的第 2 帧，在弹出的快捷菜单中选择 动作 命令，打开动作面板，添加动作脚本语句：

stop();

_root.myhoure2=_root.myhours;

_root.mymin2=_root.mymin;

（45）闹钟制作完成，按"Ctrl+Enter"键测试动画，最终效果如图 10.2.1 所示。

实例 3　制作温馨卡片

1．实例效果

本例制作温馨卡片，效果如图 10.3.1 所示。

图 10.3.1　效果图

2．实例目的

本例主要学习制作文字的淡入淡出效果。一行文字从场景右面渐渐浮现到场景中来，又渐渐消失，接着，另一行文字从场景外由小到大浮现到了卡片上。

3．本例知识点

文本工具、填充工具和任意变形工具的使用。

4．制作过程

（1）启动 Flash CS3，新建一个空白文档。

（2）按下"Ctrl+J"键，打开 文档属性 对话框，设置其参数如图 10.3.2 所示。

（3）选择 文件 (F) → 导入(I)　　　　　　　　　▶ → 导入到库(L)... 命令，导入一张图片，如图 10.3.3 所示。

图 10.3.2　"文档属性"对话框　　　　　　　　　　　图 10.3.3　导入图片

（4）打开库面板，将其导入的图片拖至场景中，鼠标右键单击图片，在弹出的快捷菜单中选择 转换为元件… 命令，将其转换为图形元件，并在 名称(N): 后的文本框中输入"图片"，如图 10.3.4 所示。

图 10.3.4　"转换为元件"对话框

（5）选中场景中转换为图片的图片，按"Delete"键将其删除。

（6）选择 插入(I) → 新建元件(N)... Ctrl+F8 命令，创建一个名为"1"的影片剪辑元件。选择工具箱中的文本工具 T，在属性面板中设置文本类型为 静态文本，字体为 华文新魏，字号为"40"，颜色为"#009900"，选中"粗体"按钮 B，并选中 ☑ 自动调整字距 复选框（见图 10.3.5），在"1"元件的编辑区中输入文字"只想对你说"，如图 10.3.6 所示。

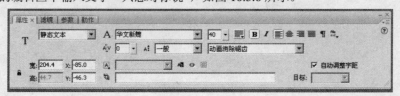

图 10.3.5　属性面板

（7）重复步骤（6）的操作，创建一个名为"2"的影片剪辑元件。选择工具箱中的文本工具 T，在属性面板中设置字号为"44"，颜色为"#0099FF"，并选中"斜体"按钮 I，保持其他属性与步骤（6）的设置相同，在"2"元件的编辑区中输入文字"花香依旧"，如图 10.3.7 所示。

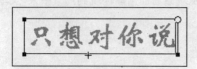

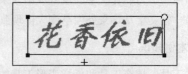

图 10.3.6　在"1"元件中输入文字　　　　　　　　　图 10.3.7　在"2"元件中输入文字

（8）单击"返回场景"按钮 场景1，返回到场景中。双击"图层 1"的图层名，将其更名为"背景"。选择 窗口(W) → 库(L) Ctrl+L 命令，打开库面板（见图 10.3.8），从中拖动"图片"元件到编辑区中。

（9）选择工具箱中的任意变形工具 ，调整"图片"元件的大小（见图 10.3.9），使其恰好覆盖整个编辑区。

（10）单击"背景"图层的第 48 帧，在弹出的快捷菜单中选择 插入帧 命令，插入帧。

（11）单击"时间轴"面板中的"插入图层"按钮 ，插入一个名为"文字 1"的图层，从库面板中拖动"1"元件到编辑区中，如图 10.3.10 所示。

（12）分别单击"文字 1"图层的第 23，24，36 帧，在弹出的快捷菜单中选择 插入关键帧 命令，插入 3 个关键帧。

图 10.3.8 库面板

图 10.3.9 调整"图片"元件的大小

图 10.3.10 拖入"1"元件

（13）选中第 1 帧中的对象，在属性面板中设置 颜色：为 Alpha ，Alpha 值为"0%"（见图 10.3.11），按键盘上的"→"键，使其水平右移一段距离，如图 10.3.12 所示。

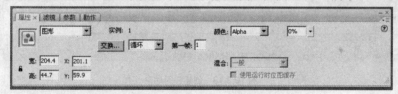

图 10.3.11 属性面板

（14）重复步骤（13）的操作，调整第 36 帧中对象的 Alpha 值为"0%"，并将其左移一段距离，如图 10.3.13 所示。

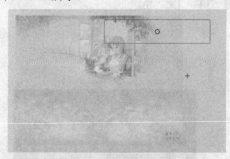

图 10.3.12 调整第 1 帧中对象的颜色及位置

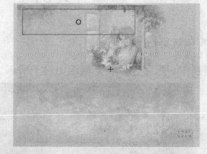

图 10.3.13 调整第 36 帧中对象的颜色及位置

（15）分别单击"文字 1"图层的第 1～23，23～24，24～36 帧中的任意一帧，在弹出的快捷菜单中选择 创建补间动画 命令，创建补间动画效果。

（16）选中"文字 1"图层，单击"时间轴"面板中的"插入图层"按钮 ，插入一个名为"文字 2"的图层。

（17）单击"文字2"图层的第26帧，在弹出的快捷菜单中选择 插入关键帧 命令，插入一个关键帧。从库面板中拖动"2"元件到第26帧中，如图10.3.14所示。

（18）单击"文字2"图层的第48帧，在弹出的快捷菜单中选择 插入关键帧 命令，插入一个关键帧。选中第48帧中的对象，按"↑"键使其上移一段距离。

（19）选中"文字2"图层的第26帧中的对象，在属性面板中设置 Alpha 值为"20%"，并选择工具箱中的任意变形工具 ，调整其大小，如图10.3.15所示。

图10.3.14　拖入"2"元件

图10.3.15　调整第26帧中对象的颜色和大小

（20）用鼠标右键单击"文字2"图层的第26帧～第48帧中的任意一帧，在弹出的快捷菜单中选择 创建补间动画 命令，创建补间动画效果，如图10.3.16所示。

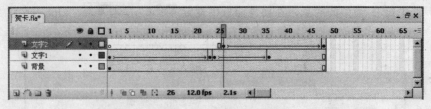
图10.3.16　创建补间动画

（21）按下"Ctrl+Enter"键测试动画，最终效果如图10.3.1所示。

实 例 4　制 作 便 签

1. 实例效果

本例制作一张便签，效果如图10.4.1所示。

图10.4.1　效果图

2. 实例目的

本例主要讲述光与影的配合，应用移动动画和形状渐变等。

3. 本例知识点

文本工具、填充工具、矩形工具和任意变形工具的使用。

4. 制作过程

（1）启动 Flash CS3，新建一个空白文档。

（2）按下"Ctrl+J"键，打开 **文档属性** 对话框，设置其参数如图 10.4.2 所示。

（3）选择 **插入(I)** → **新建元件(N)... Ctrl+F8** 命令，在弹出的 **创建新元件** 对话框中选中 **图形** 单选
按钮，创建一个名为"文字"的元件，如图 10.4.3 所示。

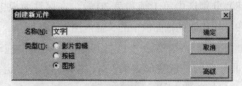

图 10.4.2 "文档属性"对话框 　　　　图 10.4.3 "创建新元件"对话框

（4）单击 **确定** 按钮，进入元件的编辑区。选择工具箱中的文本工具 **T** ，在属性面板中设置
字体为 **华文行楷** 、字号为"24"、颜色为"灰色"，在编辑区的中央输入文字"请留言"，
如图 10.4.4 所示。

图 10.4.4 属性面板

（5）重复步骤（3）的操作，创建一个名为"贴纸"的图形元件，单击 **确定** 按钮，进入元件
的编辑区。选择工具箱中的矩形工具 ，在属性面板中设置笔触颜色为"无"、填充颜色为"白色"，
在编辑区的中央绘制一个矩形，如图 10.4.5 所示。

图 10.4.5 绘制矩形

（6）选择 **插入(I)** → **新建元件(N)... Ctrl+F8** 命令，在弹出的 **创建新元件** 对话框中选中 **影片剪辑**

单选按钮，创建一个名称为"便签纸"的元件，单击 确定 按钮，进入元件的编辑区。选择工具箱中的矩形工具 ，在"属性"面板中设置笔触颜色为"无"、填充颜色为"淡紫色"，在编辑区的中央绘制一个矩形。

（7）选择工具箱中的任意变形工具 ，将矩形旋转一定角度。选择工具箱中的箭头工具 ，将光标移至矩形的边缘，当光标下方出现一小段弧线时，拖动鼠标调整矩形的外观（见图 10.4.6）。分别单击第 30 帧和第 60 帧，在弹出的快捷菜单中选择 插入关键帧 命令，插入两个关键帧。选择工具箱中的箭头工具 ，调整第 30 帧中矩形的外观如图 10.4.7 所示，制作便签的飘动效果。

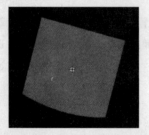
图 10.4.6　第 1 帧中的便签外观

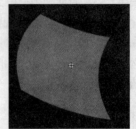
图 10.4.7　第 30 帧中的便签外观

（8）分别选中第 1 帧和第 30 帧，在属性面板中设置 补间: 为 形状 ，添加形状渐变。

（9）单击时间轴面板中的"插入图层"按钮 ，插入一个名为"图层 2"的图层。选择 窗口(W)→ 库(L) Ctrl+L 命令，打开库面板，从中拖动"文字"元件到编辑区中，选中"文字"实例，选择工具箱中的任意变形工具 ，将文字旋转一定角度。如图 10.4.8 所示。

（10）选择 插入(I)→ 新建元件(N)... Ctrl+F8 命令，在弹出的 创建新元件 对话框中选中 ⊙ 影片剪辑 单选按钮，创建一个名称为"飘动的便签"的元件，单击 确定 按钮，进入元件的编辑区。从库面板中拖动"便签纸"和"贴纸"元件到编辑区中，选中"贴纸"实例，在属性面板中设置 颜色: 为 Alpha 、Alpha 值为"50"，更改其透明度，如图 10.4.9 所示。

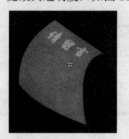
图 10.4.8　旋转文字元件

图 10.4.9　拖动元件并更改其透明度

（11）单击"返回场景"按钮 场景 1 ，返回到场景中。从库面板中拖动"飘动的便签"到编辑区的中心位置。

（12）按下"Ctrl+Enter"键，测试动画效果，如图 10.4.1 所示。

实例 5　制作猫咪的梦想

1．实例效果

本例制作猫咪的梦想，最终效果如图 10.5.1 所示。

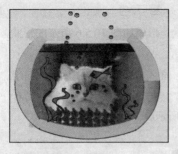

图 10.5.1　效果图

2．实例目的

本例主要学习通过层的相互叠加来产生前后层次的变化，以及学习制作气泡效果，体会利用"if"循环和"for"循环复制出多个片段的区别。

3．本例知识点

铅笔工具、线条工具、箭头工具、椭圆工具、文本工具、填充工具、矩形工具和任意变形工具的使用。

4．制作过程

（1）启动 Flash CS3，新建一个空白文档。

（2）按下"Ctrl+J"键，打开 **文档属性** 对话框，设置其参数如图 10.5.2 所示。

（3）选择 插入(I) → 新建元件(N)... Ctrl+F8 命令，在弹出的 **创建新元件** 对话框中选中 ⊙ **图形** 单选按钮，创建一个名为"石头"的元件，如图 10.5.3 所示。

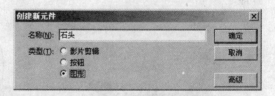

图 10.5.2　"文档属性"对话框　　　　　　　　图 10.5.3　"创建新元件"对话框

（4）单击 **确定** 按钮，进入元件的编辑区。选择工具箱中的铅笔工具 ✏，在"选项"面板中选中"墨水"按钮 ✒，在编辑区中绘制石头轮廓，如图 10.5.4 所示。

（5）选择工具箱中的颜料桶工具 ◇，在"属性"面板中设置填充色为"深红色"，单击轮廓内部进行填充，如图 10.5.5 所示。

图 10.5.4　绘制石头的外轮廓　　　　图 10.5.5　填充石头的颜色

（6）选择 插入(I) → 新建元件(N)... Ctrl+F8 命令，在弹出的 **创建新元件** 对话框中选中 ⊙ **影片剪辑** 单选按钮，创建一个名称为"鱼缸"的元件。

（7）单击  按钮，进入元件的编辑区。选择  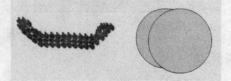 命令，打开"库"面板，从中拖动"石头"元件到编辑区中多次，形成如图 10.5.6 所示的形状，作为鱼缸底部的沙石。

（8）单击时间轴面板中的"插入图层"按钮 ，插入一个名为"图层 2"的层。选择工具箱中的椭圆工具 ，在属性面板中设置笔触颜色为"黑色"、填充色为"浅蓝色"，按住"Shift"键，在图层 2 的空白区域绘制两个相交的正圆，如图 10.5.7 所示。

图 10.5.6　制作鱼缸底部的沙石　　　　图 10.5.7　绘制两个相交的正圆

（9）按"Delete"键删除上面的一个圆形，如图 10.5.8 所示。

（10）选择工具箱中的线条工具 ，在图形上绘制两条直线，如图 10.5.9 所示。

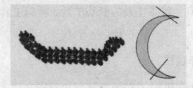

图 10.5.8　删除圆形　　　　　　　　图 10.5.9　绘制两条直线

（11）删除图形两端部分以及直线，并选择工具箱中的任意变形工具 ，旋转并拖动图形，如图 10.5.10 所示。

（12）选中剩余图形，按下"Ctrl+C"键和"Ctrl+V"键进行复制粘贴。选中复制图形，选择 修改(M)→变形(T) ▶→水平翻转(H) 命令，水平翻转复制图形，然后调整其位置如图 10.5.11 所示。

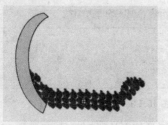 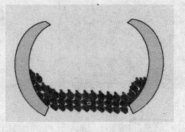

图 10.5.10　旋转并拖动图形　　　　　图 10.5.11　复制并调整图形位置

（13）选择工具箱中的矩形工具 ，以同样的颜色，在图层 2 中绘制一个矩形，并调整到如图 10.5.12 所示的位置。

（14）删除鱼缸底部的两条竖直黑线。选择工具箱中的线条工具 ，在鱼缸上绘制一条直线，如图 10.5.13 所示。

（15）选中图层 2，单击时间轴面板中的"插入图层"按钮 ，插入一个名为"图层 3"的层。单击"图层 1"中的眼睛图标 ，将其隐藏。选择工具箱中的箭头工具 ，拖动鼠标选中鱼缸的一部分（见图 10.5.14），按下"Ctrl+C"键进行复制。

（16）选中"图层 3"，选择 编辑(E)→粘贴到当前位置(P) Ctrl+Shift+V 命令，将所选部分原位粘贴。

选择 窗口(W) → 颜色(C)　　　　　　　Shift+F9 命令，打开颜色面板，设置填充类型为 线性 ▼，从左至右

依次设置两个色标的颜色值为 红: 153　绿: 255　蓝: 255、红: 51　绿: 153　蓝: 255，向右移动左侧色标并设置其 Alpha 值为 "0%"（见图 10.5.15），填充复制的图形，如图 10.5.16 所示。

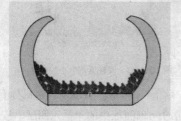

图 10.5.12　绘制并调整矩形位置

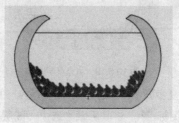

图 10.5.13　绘制直线

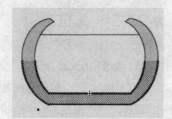

图 10.5.14　选中鱼缸的一部分

图 10.5.15　颜色面板

（17）单击 "图层 3" 的眼睛图标 👁，将其隐藏，按住 "Shift" 键，选中鱼缸的内边线（见图 10.5.17），按下 "Ctrl+C" 键复制。

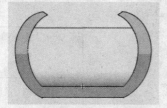

图 10.5.16　填充复制图形

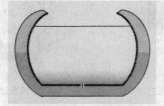

图 10.5.17　选中鱼缸的内边线

（18）选中 "图层 3"，单击时间轴面板中的 "插入图层" 按钮 🔲，插入一个名为 "图层 4" 的层。选中 "图层 4"，选择 编辑(E) → 粘贴到当前位置(P)　Ctrl+Shift+V 命令，将所选部分原位粘贴。

（19）在颜色面板中设置填充类型为 放射状 ▼。单击颜色条的中部，

添加 3 个色标，设置左侧两个色标的颜色值为 红: 255　绿: 255　蓝: 255，其余 3 个色标

的颜色值为 红: 155　绿: 255　蓝: 255，并且设置从左至右 5 个色标的 Alpha 值为 "100%"，"35%"，"30%"，"30%"，"35%"（见图 10.5.18），填充复制的图形。单击 "图层 2" 和 "图层 3" 的眼睛图标 👁，将其显示，效果如图 10.5.19

图 10.5.18　颜色面板

所示。

（20）选择工具箱中的颜料桶工具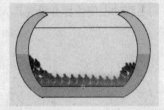，在复制图形的左上部单击，调整其填充中心的位置，如图 10.5.20 所示。

图 10.5.19　填充复制图形　　　　　　　图 10.5.20　调整填充中心的位置

（21）重复步骤（17）的操作，选中鱼缸的内边线，按下"Ctrl+C"键复制。用鼠标右键单击"图层 4"的眼睛图标 👁，将其隐藏。选中"图层 4"，单击时间轴面板中的"插入图层"按钮 🔳，插入"图层 5"。选中"图层 5"，选择 编辑(E) → 粘贴到当前位置(P)　Ctrl+Shift+V 命令，将所选部分原位粘贴。

（22）在颜色面板中设置填充类型为 放射状▼。用鼠标右键单击颜色条的中部，添加一个色标。

红：155 ▼	红：155 ▼	红：50 ▼
绿：255 ▼	绿：255 ▼	绿：155 ▼
蓝：255 ▼	蓝：255 ▼	蓝：255 ▼

从左至右依次设置 3 个色标的颜色值为　　　　　　、　　　　　、　　　　　，分别设置 Alpha 值为"0%"，"0%"，"65%"（见图 10.5.21），填充复制的图形，如图 10.5.22 所示。

（23）单击"图层 4"的眼睛图标 👁，将其显示。选中"图层 5"，单击时间轴面板中的"插入图层"按钮 🔳，插入"图层 6"。选择工具箱中的矩形工具 🔳，在"图层 6"中绘制一个无填充的矩形，如图 10.5.23 所示。

图 10.5.21　颜色面板　　　　　　图 10.5.22　填充效果　　　　　　图 10.5.23　绘制矩形

（24）选择工具箱中的箭头工具 🔺，将鼠标移至矩形边缘附近，当出现小段弧形时，拖动鼠标，调整矩形的形状，如图 10.5.24 所示。

（25）拖动矩形至鱼缸的上边缘，并调整其大小，如图 10.5.25 所示。

图 10.5.24　调整矩形形状

（26）在颜色面板中设置其填充类型为 线性 ，单击颜色条的中

红：155 ▼	红：50 ▼
绿：255 ▼	绿：155 ▼
蓝：255 ▼	蓝：255 ▼

部，添加一个色标。设置中间色标的颜色值为　　　　　　，两边色标的颜色值为　　　　　　（见图 10.5.26），填充矩形，如图 10.5.27 所示。

（27）选择工具箱中的填充变形工具 🔳，将填充色方向由水平调整为垂直，并压缩填充距离，如图 10.5.28 所示。

（28）选择 插入(I) → 新建元件(N)...　Ctrl+F8 命令，在弹出的 创建新元件 对话框中选中 ⊙ 图形 单

选按钮，创建一个名称为"草"的元件。

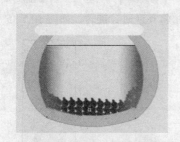

图 10.5.25　调整矩形的大小和位置　　　图 10.5.26　颜色面板

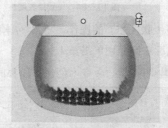

图 10.5.27　填充矩形　　　　　　图 10.5.28　调整填充色的方向

（29）单击 确定 按钮，进入元件的编辑区。选择工具箱中的铅笔工具 ，选中"选项"面板中的"平滑"按钮 S. （见图 10.5.29），在编辑区中绘制两条相交的曲线，如图 10.5.30 所示。

图 10.5.29　设置平滑模式　　　　　图 10.5.30　绘制两条相交的曲线

（30）选择工具箱中的颜料桶工具 ，设置填充色为"草绿色"（见图 10.5.31），填充相交曲线的上、下两部分，如图 10.5.32 所示。

（31）选择工具箱中的颜料桶工具 ，设置填充色为"深绿色"，填充相交曲线的中间部分，如图 10.5.33 所示。

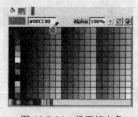

图 10.5.31　设置填充色　　　图 10.5.32　填充上、下两部分　　　图 10.5.33　填充中间部分

（32）选择 插入(I) → 新建元件(N)... Ctrl+F8 命令，在弹出的 创建新元件 对话框中选中 影片剪辑 单选按钮，创建一个名称为"草 1"的元件，单击 确定 按钮，进入元件的编辑区。

（33）选择 窗口(W) → 库(L) Ctrl+L 命令，打开库面板，从中拖动"草"元件到编辑区的中心位置。

（34）用鼠标右键分别单击图层 1 的第 13 帧、第 25 帧、第 37 帧、第 49 帧，在弹出的快捷菜单

中选择 插入关键帧 命令，插入 4 个关键帧。

（35）选中第 13 帧中的对象，选择 窗口(W) → 变形(T) 　　　Ctrl+T 命令，打开变形面板，在 ◉ 旋转 文本框中输入"-6.8 度"（见图 10.5.34），将其逆时针旋转，如图 10.5.35 所示。

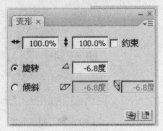
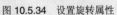

图 10.5.34　设置旋转属性

图 10.5.35　旋转第 13 帧中的对象

（36）重复步骤（35）的操作，将第 37 帧中的对象顺时针旋转"8.1 度"。

（37）用鼠标右键分别单击第 1～13，13～25，25～37，37～49 帧中的任意一帧，在弹出的快捷菜单中选择 创建补间动画 命令，创建 4 段补间动画，如图 10.5.36 所示。

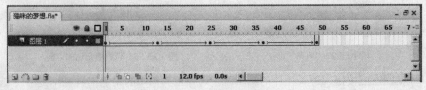

图 10.5.36　创建补间动画

（38）单击"时间轴"面板中的"插入图层"按钮 🖽，插入图层 2。从库面板中拖动"草"元件到编辑区的中心位置。

（39）选择工具箱中的任意变形工具 🔲，选中图层 2 第 1 帧中的对象，将其垂直压缩并水平翻转，如图 10.5.37 所示。

（40）重复步骤（34）的操作，在图层 2 中插入 4 个关键帧。重复步骤（35）和（36）的操作，旋转第 12 帧和第 17 帧中的对象。重复步骤（37）的操作，创建 4 段补间动画，如图 10.5.38 所示。

图 10.5.37　垂直压缩并水平翻转对象

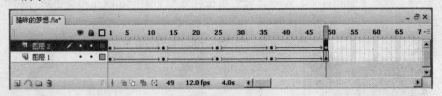

图 10.5.38　创建补间动画

（41）选择 插入(I) → 新建元件(N)... Ctrl+F8 命令，在弹出的 创建新元件 对话框中选中 ◉ 图形 单选按钮，创建一个名称为"泡"的元件，单击 确定 按钮，进入元件的编辑区。

（42）单击 确定 按钮，进入元件的编辑区。选择工具箱中的椭圆工具 ◯，在属性面板中设置笔触颜色为"黑色"，填充色为"无"（见图 10.5.39），按住"Shift"键，在编辑区中绘制一个正圆。将线宽更改为"0.5"，在所绘正圆内再绘制一个小圆，如图 10.5.40 所示。

（43）选择 插入(I) → 新建元件(N)... Ctrl+F8 命令，在弹出的 创建新元件 对话框中选中 ◉ 影片剪辑 单选按钮，创建一个名称为"泡 1"的元件，单击 确定 按钮，进入元件的编辑区。

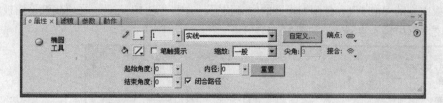

图 10.5.39 属性面板 　　　　　　　　　　　　　　　图 10.5.40 绘制气泡

（44）从库面板中拖动"泡"元件到编辑区的中心位置。用鼠标右键单击第 30 帧，在弹出的快捷菜单中选择 插入关键帧 命令，插入一个关键帧。

（45）选中图层 1，单击时间轴面板中的"添加运动引导层"按钮 ，插入一个运动引导层。选择工具箱中的铅笔工具 ，选中选项面板中的"平滑"按钮 （见图 10.5.41），在编辑区中绘制一条曲线作为路径曲线，如图 10.5.42 所示。

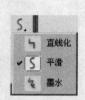

图 10.5.41 设置平滑模式 　　　　　　　　　　　图 10.5.42 绘制路径曲线

（46）选择工具箱中的箭头工具 ，单击选项面板中的"对齐对象"按钮 （见图 10.5.43），移动图层 1 第 30 帧中的实例对象到路径曲线的上端，并保证其中心始终对准曲线的中心，如图 10.5.44 所示。

图 10.5.43 "对齐对象"按钮 　　　　　　　图 10.5.44 移动第 30 帧中的实例对象

（47）选中图层 1 第 1 帧中的对象，选择 窗口(W) → 变形(T) 　　Ctrl+T 命令，打开变形面板，选中 ☑ 约束 复选框，将比例设置为"50%"（见图 10.5.45），按"Enter"键。

（48）用鼠标右键单击图层 1 第 1～29 帧中的任意一帧，在弹出的快捷菜单中选择 创建补间动画 命令，创建一段运动补间动画，如图 10.5.46 所示。

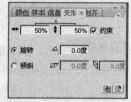

图 10.5.45 设置比例

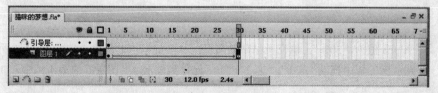

图 10.5.46 创建补间动画

（49）选择 插入(I) → 新建元件(N)... Ctrl+F8 命令，在弹出的 创建新元件 对话框中选中 ⊙ 影片剪辑 单选按钮，创建一个名称为"泡 2"的元件，单击 确定 按钮，进入元件的编辑区。

（50）从库面板中拖动"泡1"元件到编辑区的中心位置。选中"泡1"元件，在"属性"面板中的"实例名称"文本框中输入"pao"，如图 10.5.47 所示。

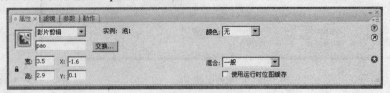

图 10.5.47　输入实例名称

（51）单击时间轴面板中的"插入图层"按钮 ，插入图层 2。用鼠标右键单击时间轴的第 1 帧，在弹出的快捷菜单中选择 动作 命令，打开动作面板，添加动作脚本语句：

```
for(i=1;i<9;i++){
pao.duplicateMovieClip("pao"+i,i);
m=random(30)+1;
eval("pao"+i).gotoAndPlay(m);
}
```

（52）单击"返回场景"按钮 场景1，返回场景中，选择 文件(F) → 导入(I)
命令，导入一幅图片，如图 10.5.48 所示。

（53）用鼠标右键连续单击时间轴面板中的"插入图层"按钮 7 次，插入图层 2～图层 8。选择 文件(F) → 导入(I) → 导入到库(L)... 命令，导入"鱼.fla"文件。

（54）选中图层 2，从库面板中拖动"鱼缸"元件到编辑区中，如图 10.5.49 所示。

图 10.5.48　导入图片　　　　　　　图 10.5.49　拖入"鱼缸"元件

（55）双击"鱼缸"元件，进入其编辑区，用鼠标右键单击图层 2，在弹出的快捷菜单中选择 隐藏其他图层 命令，将其他图层隐藏。按住"Shift"键，分别选中图形的内边，将它们全部选中，按下"Ctrl+C"键复制，如图 10.5.50 所示。

（56）单击"返回场景"按钮 场景1，返回场景中，选中图层 3，按下"Ctrl+V"键粘贴，并调整所粘贴图形的位置与鱼缸的内边缘对齐。在颜色面板中设置填充类型为 纯色、颜色值为

红: 177
绿: 205
蓝: 255

、Alpha 值为"30%"，填充所粘贴的图形，从而加深水的颜色，如图 10.5.51 所示。

（57）分别从库面板中拖动"草1"，"泡2"，"鱼"元件到图层 4～图层 6 的第 1 帧中，如图 10.5.52 所示。

（58）从库面板中拖动"草1"元件到图层 7 中，选中"草1"元件，选择工具箱中的任意变形工具 ，将这一对象垂直压缩并水平翻转，如图 10.5.53 所示。

图 10.5.50 选择鱼缸的内边

图 10.5.51 填充粘贴图形

图 10.5.52 拖入"草1","泡2","鱼"元件

图 10.5.53 压缩并水平翻转"草1"元件

（59）从库面板中拖动"泡2"元件到图层8中，如图10.5.54所示。

图 10.5.54 拖入"泡2"元件

（60）按下"Ctrl+Enter"键测试动画，最终效果如图10.5.1所示。

实训 1　设置 Flash CS3 首选参数

1．实训目的

在 Flash CS3 中，可以根据不同的需要，更改其首选参数的设置。

2．实训内容

通过设置 Flash CS3 中文本工具的首选参数，绘制如图 11.1.1 所示的图形。

图 11.1.1　效果图

3．上机操作

（1）启动 Flash CS3 应用程序。

（2）选择 编辑(E) → 首选参数(S) 命令，弹出"首选参数"对话框，如图 11.1.2 所示。

（3）在该对话框中选择"文本"选项，打开其参数设置区，如图 11.1.3 所示。

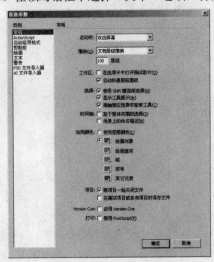

图 11.1.2　"首选参数"对话框

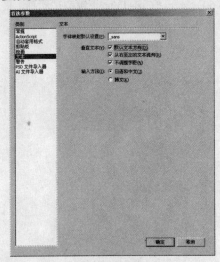

图 11.1.3　"文本"参数设置区

（4）将"垂直文本"选项区中的 3 个复选框都选中，单击 确定 按钮即可将该设置保存
到 Flash 中。

（5）在工具箱中选择钢笔工具 T ，使用该工具在舞台中输入文字，效果如图 11.1.1 所示。

实训 2　将文件保存为模板

1．实训目的

掌握文件的打开及将文件保存为模板的方法。

2．实训内容

在制作过程中主要用到"保存为模板"命令，效果如图 11.2.1 所示。

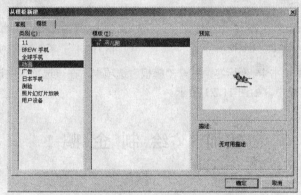

图 11.2.1　效果图

3．上机操作

（1）启动 Flash CS3 应用程序。

（2）在菜单栏中选择 文件(F) → 打开(O)... Ctrl+O 命令，在弹出的"打开"对话框中选择一个 Flash 文件，如图 11.2.2 所示。

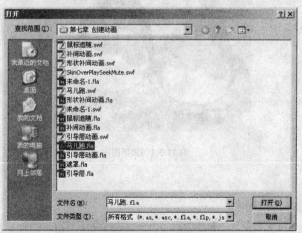

图 11.2.2　"打开"对话框

（3）单击 打开(O) 按钮，将选中的文件打开。

（4）在菜单栏中选择 文件(F) → 另存为模板(T)... 命令，在弹出的"另存为模板"对话框中设置参数，如图 11.2.3 所示。

（5）单击 保存(S) 按钮，即可将该文件保存为演示文稿模板。

（6）在菜单栏中选择 文件(F) → 新建(N)... Ctrl+N 命令，弹出"新建文档"对话框，如图 11.2.4 所示。

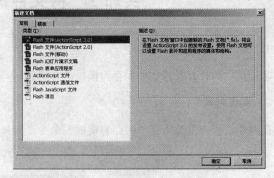

图 11.2.3　"另存为模板"对话框　　　　　图 11.2.4　"新建文档"对话框

（7）在该对话框中单击 模板 标签，打开"模板"选项卡，在该选项卡中选择"动画"选项，刚才保存的文件已在该模板中，如图 11.2.1 所示。

实 训 3　绘 制 企 鹅

1．实训目的

掌握绘图工具的使用方法。

2．实训内容

在图形的绘制过程中主要用到线条工具和颜料桶工具，效果如图 11.3.1 所示。

图 11.3.1　效果图

3．上机操作

（1）启动 Flash CS3 应用程序。

（2）在菜单栏中选择 文件(F) → 新建(N)... Ctrl+N 命令，在弹出的"新建"对话框中设置参数，单击 确定 按钮，即可新建一个 Flash 文件。

（3）在工具箱中选择线条工具 ＼，绘制企鹅的外形轮廓，如图 11.3.2 所示。

（4）在工具箱中选择颜料桶工具 ◇，将其填充颜色设置为"黑色"，填充企鹅的头部和手以及眼珠,如图 11.3.3 所示。

图 11.3.2 绘制企鹅的外轮廓

图 11.3.3 填充企鹅的头部和手以及眼珠

(5)将颜料桶工具的填充颜色设置为"黄色",填充企鹅的嘴和脚,如图 11.3.4 所示。

(6)将颜料桶工具的填充颜色设置为两种不同的"粉红色",填充左边企鹅的围巾和头上的蝴蝶结,如图 11.3.5 所示。

图 11.3.4 填充企鹅的嘴和脚

图 11.3.5 填充左边企鹅的围巾和头上的蝴蝶结

(7)将颜料桶工具的填充颜色设置为两种不同的"大红色",填充右边企鹅的围巾,如图 11.3.6 所示。

(8)将颜料桶工具的填充颜色设置为"白色",填充企鹅的身体和眼睛剩余的部分,并将背景色设置为"淡粉色",效果如图 11.3.7 所示。

图 11.3.6 填充右边企鹅的围巾

图 11.3.7 填充企鹅的身体和背景色

(9)单击时间轴面板下方的"插入图层"按钮,新建图层 2,选择工具箱中的文本工具 T,设置字体为"Cooper Black"、字号为"60"、颜色为"大红色",选中粗体按钮 B,在场景的左下方输入"I Love You",在场景的右下方输入"QQ",如图 11.3.8 所示。

(10)单击时间轴面板下方的"插入图层"按钮,新建图层 3,选择工具箱中的椭圆工具,在场景中绘制花朵的外轮廓,如图 11.3.9 所示。

(11)选择 窗口(W) → 颜色(C)   Shift+F9 命令,打开颜色面板。在颜色面板中单击"填充颜色"按钮,在 类型 下拉列表中选择"放射状"选项,选中左边的色标,设置其颜色为"#FFCCFF",再选中右边的色标,设置其颜色为"#9900FF",如图 11.3.10 所示。

(12)选择工具箱中的颜料桶工具,填充花朵的颜色,选择工具箱中的选择工具,将花的轮廓线选中，按"Delete"键删除，如图 11.3.11 所示。

图 11.3.8　输入"QQ"

图 11.3.9　绘制花朵的外轮廓

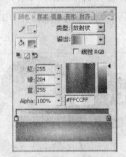

图 11.3.10　颜色面板

图 11.3.11　填充花的颜色

（13）选中花，单击鼠标右键，在弹出的快捷菜单中选择 转换为元件… 命令，将其转换为元件，按住"Alt"键不放，将花复制多个，如图 11.3.12 所示。

（14）选中图层 3，将其拖至图层的最底部，场景中效果如图 11.3.13 所示。

图 11.3.12　复制花

图 11.3.13　图层移动后场景中实例的效果

至此，企鹅绘制完成，最终效果如图 11.3.1 所示。

实训 4　制作生日贺卡

1．实训目的

掌握位图及图层的使用。

2．实训内容

在实例的制作过程中主要用到位图、图层和文本工具，最终效果如图 11.4.1 所示。

图 11.4.1　效果图

3. 上机操作

（1）启动 Flash CS3 应用程序。

（2）在菜单栏中选择 文件(F) → 导入(I)　▶　导入到舞台(I)… Ctrl+R 命令，在弹出的"导入"对话框中选择一幅图片导入到舞台中，并使用任意变形工具 调整其大小与舞台大小相同，如图 11.4.2 所示。

（3）单击时间轴面板下方的"插入图层"按钮 ，新建图层 2。

（4）在菜单栏中选择 文件(F) → 导入(I)　▶　导入到舞台(I)… Ctrl+R 命令，在弹出的"导入"对话框中选择一幅图片导入到舞台中，使用任意变形工具 调整其大小，再使用选择工具 将其移到合适的位置，如图 11.4.3 所示。

图 11.4.2　导入的图片　　　　　　　　图 11.4.3　调整图片大小

（5）按"Ctrl+B"键，将导入的位图打散。在工具箱中选择套索工具 ，在其选项区中选择魔术棒工具 ，在打散后的图片上单击，创建选区，并按"Delete"键将其删除，如图 11.4.4 所示。

（6）重复步骤（3）的操作，新建图层 3，如图 11.4.5 所示。

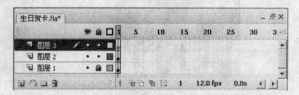

图 11.4.4　将图片中多余部分删除　　　　　　图 11.4.5　创建新图层

（7）选择工具箱中的矩形工具  和椭圆工具 ，在场景中绘制蜡烛，效果如图 11.4.6 所示。

（8）按住"Alt"键，将绘制的蜡烛复制多个，并将其放在蛋糕的上方，效果如图 11.4.7 所示。

图 11.4.6　绘制蜡烛　　　　　　　　图 11.4.7　复制蜡烛

（9）单击时间轴面板下方的"插入图层"按钮 ，新建图层 4。

（10）选择工具箱中的文本工具 T，在场景中输入"Happy Birthday"，如图 11.4.8 所示。

（11）选择图层 1 和图层 2 的第 30 帧，单击鼠标右键，在弹出的快捷菜单中选择 插入帧 命令插入帧，时间轴如图 11.4.9 所示。

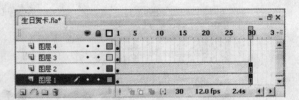

图 11.4.8　输入文字　　　　　　　　图 11.4.9　时间轴效果

（12）选择图层 3 和图层 4 的第 30 帧，单击鼠标右键，在弹出的快捷菜单中选择 插入关键帧 命令，插入两段关键帧。

（13）选择图层 3 的第 1 帧中的对象，在其属性面板的 颜色: 下拉列表中选择 Alpha ，将其 Alpha 值设为"10%"（见图 11.4.10），再选择图层 3 的第 30 帧中的对象，在其属性面板的 颜色: 下拉列表中选择 Alpha ，将其 Alpha 值设为"100%"，如图 11.4.11 所示。

图 11.4.10　设置 Alpha 值为"10%"　　　图 11.4.11　设置 Alpha 值为"100%"

（14）选择图层 3 第 1 帧～第 30 帧中的任意一帧，单击鼠标右键，在弹出的快捷菜单中选择

创建补间动画 命令。

（15）重复步骤（13）和（14）的操作，完成图层4的操作，时间轴效果如图11.4.12所示。

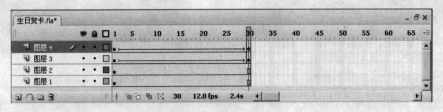

图 11.4.12　时间轴效果

至此，生日贺卡制作完成，最终效果如图11.4.1所示。

实训 5　制作彩底文字

1. 实训目的

掌握文本工具的使用。

2. 实训内容

在图形的制作过程中主要用到文本工具和位图填充，效果如图11.5.1所示。

图 11.5.1　效果图

3. 上机操作

（1）启动 Flash CS3 应用程序。

（2）在菜单栏中选择 文件(F) → 新建(N)... Ctrl+N 命令，在弹出的"新建"对话框中设置参数，单击 确定 按钮，新建一个 Flash 文件。

（3）在工具箱中选择文本工具 T，在其属性面板中设置参数如图11.5.2所示。

图 11.5.2　"文本工具"属性面板

（4）使用文本工具 T 在舞台中输入文字，如图11.5.3所示。

（5）按"Ctrl+B"键两次，将输入的文本打散为图形，效果如图 11.5.4 所示。

图 11.5.3　输入的文字　　　　　　　　　　　图 11.5.4　将文本打散

（6）在菜单栏中选择 文件(F) → 导入(I) ▶→导入到库(L)... 命令，在弹出的"导入到库"对话框中选择一幅图片，将其导入到库中，如图 11.5.5 所示。

（7）选择工具箱中的选择工具 ，选择打散后的文字。

（8）在菜单栏中选择 窗口(W) → 颜色(C) Shift+F9 命令，打开颜色面板。在颜色面板中单击"填充颜色"按钮 ，在 类型 下拉列表中选择"位图"选项，即可将该文字填充为位图图像，如图 11.5.6 所示。

图 11.5.5　库面板　　　　　　　　　图 11.5.6　使用位图填充文字

（9）在舞台中文字之外的任意位置单击，在其属性面板中将舞台的背景色设置为"黄色"，最终效果如图 11.5.1 所示。

实训 6　制作播放按钮

1. 实训目的

掌握元件的制作。

2. 实训内容

在播放按钮的制作过程中要创建按钮元件、创建影片剪辑、导入音频文件以及使用动作脚本，最终效果如图 11.6.1 所示。

图 11.6.1　效果图

3．上机操作

（1）启动 Flash CS3 应用程序。

（2）在菜单栏中选择 文件(F) → 新建(N)... 　　　Ctrl+N 　命令，在弹出的"新建"对话框中设置参数，单击 确定 按钮，新建一个 Flash 文件。

（3）选择 插入(I) → 新建元件(N)... Ctrl+F8 命令，弹出"创建新元件"对话框，如图 11.6.2 所示。

（4）设置好参数后单击 确定 按钮，进入该元件编辑模式，此种模式下的时间轴如图 11.6.3 所示。

图 11.6.2　"创建新元件"对话框

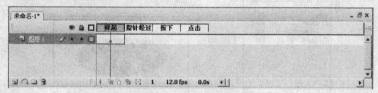

图 11.6.3　按钮元件编辑模式中的时间轴

（5）单击"弹起"帧，使用椭圆工具 和线条工具 绘制图形，如图 11.6.4 所示。

（6）分别在"指针经过"帧、"按下"帧和"点击"帧处按"F6"键插入关键帧。

（7）单击"指针经过"帧，使用颜料桶工具 将圆环内的上半部分空白区域填充为"浅绿色"，下半部分空白区域填充为"浅蓝色"，如图 11.6.5 所示。

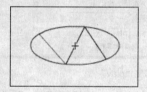

图 11.6.4　绘制的图形

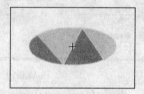

图 11.6.5　填充图形的颜色

（8）单击"按下"帧，删除图形中的绿色图形，并将圆的颜色填充为"浅蓝色"，如图 11.6.6 所示。

（9）此时，制作的"按钮"元件已显示在库中，如图 11.6.7 所示。

图 11.6.7　库面板

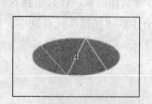

图 11.6.6　删除图形内绿色图形

（10）选择 插入(I) → 新建元件(N)... Ctrl+F8 命令，在弹出的"创建新元件"对话框中创建一个名为播放器的影片剪辑。在该元件的编辑模式中，单击时间轴面板下方的"插入图层"按钮 3 次，在当前图层上方新增 3 个图层，并将其分别命名为"音乐"、"按钮"、"开关"和"动作"。

（11）单击"按钮"层中的第 1 帧，将库中的"音乐按钮"元件拖至舞台的中心位置。

（12）单击"音乐"层中的第 1 帧，在菜单栏中选择 文件(F) → 导入(I) 　　　　　　　　 ▶ →

导入到库(L)... 命令，在弹出的"导入到库"对话框中选择一个音频文件，将其导入到库中，如图 11.6.8 所示。

（13）分别在 3 个图层的第 50 帧处按"F6"键插入关键帧。

（14）单击"开关"层的第 50 帧，使用线条工具 ＼ 在按钮的中心位置画一个红色的叉，如图 11.6.9 所示。

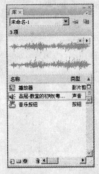

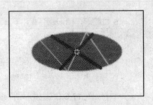

图 11.6.8　导入的音频文件　　　　图 11.6.9　绘制的红叉

（15）单击"动作"层中的第 1 帧，然后在其属性面板中 帧 文本框中输入"play"，如图 11.6.10 所示。

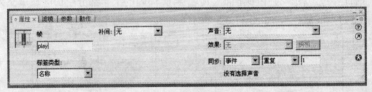

图 11.6.10　添加帧标签"play"

（16）重复步骤（15）的操作，在该图层的第 50 帧处加上帧标签"stop"，如图 11.6.11 所示。

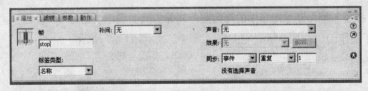

图 11.6.11　添加帧标签"stop"

（17）单击"动作"层的第 1 帧，按"F9"键打开动作面板，在其中输入语句 stop();。

（18）单击"按钮"层，使用选择工具 将舞台中的"按钮"元件选中，按"F9"键打开动作面板，在其中输入以下语句：

```
on (press) {
    gotoAndStop(" stop ");
}
```

（19）单击该图层的第 5 帧并将该帧中的图形选中，按"F9"键打开动作面板，在其中输入以下语句：

```
on (press) {
    gotoAndStop(" play ");
}
```

（20）单击“音乐”层的第 1 帧，在其属性面板中的同步下拉列表中选择“开始”选项。

（21）单击“音乐”层的第 50 帧，在其属性面板中的同步下拉列表中选择“停止”选项。

（22）单击按钮，返回到主场景。

（23）单击时间轴面板下方的“插入图层”按钮两次，新建图层 2 和图层 3，并将 3 个图层分别命名为“背景”、“文字”和“控制”。

（24）用鼠标单击“文本”层的第 1 帧，在工具箱中选择文本工具 T，在舞台中输入文字，如图 11.6.12 所示。

（25）用鼠标单击“背景”层，在菜单栏中选择 文件(F) → 导入(I) → 导入到舞台(I)... Ctrl+R 命令，在弹出的“导入”对话框中选择一幅图片导入到舞台中，如图 11.6.13 所示。

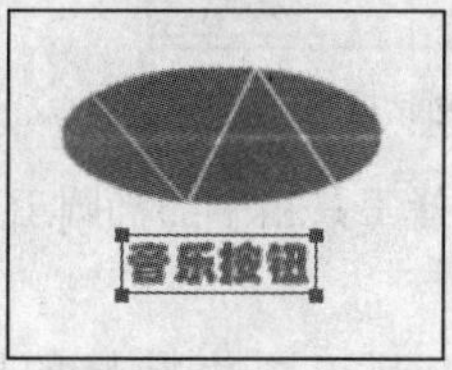

图 11.6.12　输入的文字

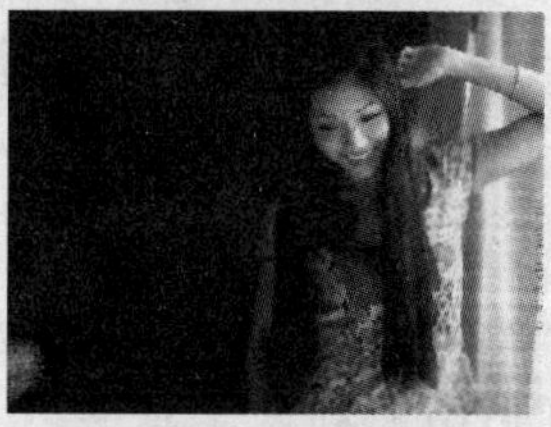

图 11.6.13　导入的图片

（26）使用选择工具将按钮和文字移到合适的位置，并使用任意变形工具调整其大小，最终效果如图 11.6.1 所示。

实训 7　制作鼠标跟随效果

1．实训目的

掌握动作脚本的使用。

2．实训内容

在特效的制作过程中主要用到动作脚本，最终效果如图 11.7.1 所示。

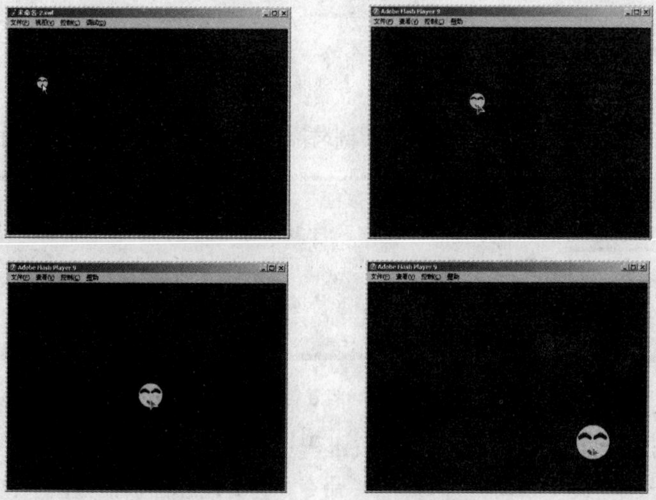

图 11.7.1　效果图

3．上机操作

（1）启动 Flash CS3 应用程序。

（2）按"Ctrl+J"键，弹出 文档属性 对话框，设置 尺寸(I): 为"500 像素×280 像素"，背景颜色(B): 为"白色"，帧频(F): 为"12"，单击 确定 按钮。

（3）按"Ctrl+F8"键，弹出 创建新元件 对话框，在 名称(N): 文本框中输入"娃娃"，在 类型(T): 选项区中选中 ◎影片剪辑 单选按钮，如图 11.7.2 所示。

图 11.7.2 "创建新元件"对话框

（4）单击 确定 按钮，进入该元件的编辑窗口。选择工具箱中的椭圆工具 ◯、线条工具 ＼，在场景中绘制娃娃的外轮廓，如图 11.7.3 所示。

（5）选择工具箱中的椭圆工具 ◯，在场景中绘制正圆为娃娃的脸，选择 窗口(W) → 颜色(C) Shift+F9 命令，打开颜色面板（见图 11.7.4），设置正圆的填充色为粉红到黄色的渐变色，如图 11.7.5 所示。

图 11.7.3 绘制娃娃的外轮廓　　　　图 11.7.4 颜色面板　　　　图 11.7.5 绘制好的娃娃

（6）单击 场景1 图标，返回到主场景。

（7）选择 窗口(W) → 库(L) Ctrl+L 命令，打开库面板，从中拖动"娃娃"元件到舞台中。

（8）选中第 4 帧，按"F5"键插入帧。

（9）选中"娃娃"实例，在属性面板的"实例名称"文本框中输入"mov"，如图 11.7.6 所示。

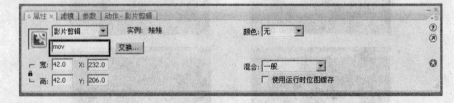

图 11.7.6 设置实例名称

（10）单击时间轴面板中的"插入图层"按钮 ，插入"图层 2"。

（11）选择 窗口(W) → 动作(A) F9 命令，打开动作面板，如图 11.7.7 所示。

图 11.7.7　动作面板

（12）选中"图层 2"的第 1 帧，在动作面板中输入以下代码：

startDrag("/mov", true,0, 500,500,-300);

（13）选中"图层 2"的第 2 帧，在动作面板中输入以下代码：

scale = getProperty("/mov", _y)/2;

setProperty("/mov", _xscale, scale);

setProperty("/mov", _yscale, scale);

（14）选中"图层 2"的第 3 帧，在动作面板中输入以下代码：

gotoAndPlay(_currentframe-1);

（15）选中"图层 2"的第 4 帧，在动作面板中输入以下代码：

stop();

（16）动画制作完成，按"Ctrl+Enter"键预览动画的播放效果，如图 11.7.1 所示。

实训 8　制作奔跑的豹子

1．实训目的

掌握音频的使用。

2．实训内容

在实例的制作过程中需要制作逐帧动画和音频文件，最终效果如图 11.8.1 所示。

图 11.8.1　效果图

3．上机操作

（1）启动 Flash CS3 应用程序。

（2）在菜单栏中选择 文件(F) → 新建(N)...　　　　Ctrl+N 命令，在弹出的"新建"对话框中设置参数，单击 确定 按钮，新建一个 Flash 文件。

（3）在菜单栏中选择 文件(F) → 导入(I)　　　　▶ → 导入到库(L)... 命令，在弹出的"导入到库"对话框中选择一组图片，将其导入到库中，如图 11.8.2 所示。

（4）在库中单击选择位图 1，将其从库中拖动到舞台中，如图 11.8.3 所示。

图 11.8.2　库面板

图 11.8.3　将位图 1 拖到舞台中

（5）分别在该图层的第 2 帧～第 8 帧处按"F6"键插入关键帧，并将位图 2～位图 8 从库中拖到舞台中，分别处于第 2 帧～第 8 帧的每一帧中（见图 11.8.4），此时的时间轴面板如图 11.8.5 所示。

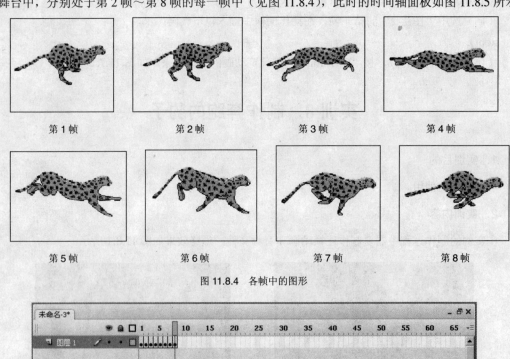

第 1 帧　　　　　第 2 帧　　　　　第 3 帧　　　　　第 4 帧

第 5 帧　　　　　第 6 帧　　　　　第 7 帧　　　　　第 8 帧

图 11.8.4　各帧中的图形

图 11.8.5　时间轴面板

（6）单击时间轴面板下方的"插入图层"按钮，新建图层 2。

（7）在菜单栏中选择 文件(F) → 导入(I)　　　　▶ → 导入到库(L)... 命令，在弹出的"导入"对话框中选择一个音频文件，将其导入到库中。